◎王丹 著

农业气象信息服务
平台建设

U0312202

中国农业科学技术出版社

图书在版编目（CIP）数据

农业气象信息服务平台建设／王丹著.—北京：
中国农业科学技术出版社，2017.5
ISBN 978 – 7 –5116 – 3030 – 8

Ⅰ.①农…　Ⅱ.①王…　Ⅲ.①农业气象 – 气象
服务 – 资源建设Ⅳ.①S165

中国版本图书馆 CIP 数据核字（2017）第 075061 号

责任编辑　崔改泵
责任校对　贾海霞

出 版 者　中国农业科学技术出版社
　　　　　北京市中关村南大街 12 号　邮编：100081
电　　话　(010)82109194(编辑室)　　(010)82109702(发行部)
　　　　　(010)82109709(读者服务部)
传　　真　(010)82106650
网　　址　http://www.castp.cn
经 销 者　各地新华书店
印 刷 者　北京富泰印刷有限责任公司
开　　本　710mm×1 000mm　1/16
印　　张　7.75
字　　数　123 千字
版　　次　2017 年 5 月第 1 版　2017 年 5 月第 1 次印刷
定　　价　35.00 元
◀━━━◆ 版权所有·翻印必究 ◆━━━▶

内容提要

农业气象资源是农业生产和学科研究顺利进行的重要资源因素，是对农业稳产增收有直接影响的因素之一，做好农业气象服务，是当前为农服务的重要内容。但当前气象资源分散、数据资料不齐全、上报与整理不及时、服务人员分析与利用水平参差不齐，获取信息的设备重复投入等问题都使气象资源的利用与为农业服务的水平受到严重制约。基于上述原因，加快农业气象信息化进程，亟须尽快建立一个信息资源类型丰富、数据信息及时准确、界面操作简单人性、用户服务全面细致的全新理论与实践应用一体化的现代农业信息服务系统，为农业生产者、经营者、管理者、研究者和决策者提供信息服务，并指导生产的各个环节，充分发挥信息技术在农业中的"信息支撑"作用，为农业气象信息化提供技术和组织保障。

针对当前问题，结合黑龙江省实际情况，本书提出建设"农业气象信息服务平台"的设想，充分利用现有各类气象资源，建设了文献资源检索系统、多媒体资源检索系统、气象数据查询系统、虚拟参考咨询系统、无线服务系统等主要内容，为气象服务的发展提出了新的有效途径。

（1）农业气象信息服务平台能实现气象综合数据指标的查询和多渠道的专家服务，使气象技术工作者对数据资源的需求得到满足，使农户的疑难咨询得以解惑，有利于技术人员进行一线生产的科学指导，同时也有利于提高农民的信息意识和利用信息的能力，为农业信息化的发展注入催化剂。

（2）农业气象信息服务平台将提供农业气象类文献信息资源和数据信息资源的检索和分析，使农业气象研究人员对专业科技文献的需求得到满足，提高了农业科技文献的利用率；同时，平台提供信息定制与推送服务，使学科研究得以有效跟踪，为科学研究提供了有力的文献保障。

（3）农业气象信息服务平台提供国家及各省农业气象信息的最新资讯

内容，同时提供基于 GIS 的数据分析系统，管理层可以通过平台功能的实现，对下一阶段工作做出科学决策，有力推进农业农村的信息化进程。

平台在开发建设过程中，综合利用计算机技术、网络技术、数据库技术和现代通信技术等现代化手段，从生产与研究实际出发，用先进的技术手段，实现了农业气象信息服务门户的创建，满足了不同层次用户在信息利用上的不同需求，为农业气象服务的开展提出了新思路。

经过系统研究，平台在结构及资源构成上，满足了生产、研究、决策的多方需求，它以农业气象信息为资源主体，以门户网站为发布媒介，以专业咨询为服务主导，在农业信息化发展过程中，开发了一个联系专家与用户的"一站式"高效网络平台，为农村、农民现代化信息的获取提供了有效途径。

目　录

1 引 言

1.1 研究的背景与意义

1.1.1 研究背景

我国是农业大国，也是气象灾害多发的国家。农业是受自然条件严重制约的弱质产业，农业自然灾害频发，极端天气气候事件明显增多，每年农业损失巨大。另外，农业气象研究不深入，局地性、突发性的气象灾害难以准确及时监测预报，气象信息传输存在盲区和滞后性，使"三农"问题日益突出，这一切都在很大程度上影响着我国农业产业的全面发展[1]。

当社会进入 21 世纪，信息技术成为现代竞争的重要资源，科技的进步带动了以信息技术为先导的信息网络的迅速发展。随着近几年来现代信息技术向农业领域渗透速度的加快，在农业发展研究与实践领域使用信息技术，也成为世界各国提高农业综合竞争力的有效途径，它使得支撑农业走强的相关学科也迅速发展起来，农业气象信息服务也随之成为农业现代化、信息化的基础和重要标志[2]。农业气象信息服务作为高产农业发展过程中具有"战略"性支撑的资源要素，为农业的迅速发展、防灾减灾提供了必要的服务保障，当前，农业信息服务体系已经初具雏形。人们对于科学指导生产和丰富知识生活提出了更高的要求，对科技信息也愈加重视[3]。但是，我国农业信息服务体系的发展仍不完善，现代农业气象服务仍受计划经济时期传统农业气象服务思维的束缚，无论是组织结构与运行机制的改革还是农业气象服务的规模与服务能力，都与市场经济体制的需求及全球化的发展不相适应，存在着很多问题[1,4~8]。

（1）农业气象业务人才队伍现状堪忧，气象业务服务意识和信心不足、业务能力不能满足现代农业发展需求。

（2）农业气象监测网络不够完善，手段落后，仪器设备陈旧，且观测效果有限。从观测内容到观测手段一直没有革命性的进步与创新，远远无法满足当今信息越来越快、精度越来越高、操作越来越易的时代要求。

（3）农业气象服务产品的针对性不强，精细化程度不够，科技含量不高。主要表现在农业气象观测资料在服务工作中的利用率不高，导致农业气象服务产品不够丰富，服务产品的时效往往要滞后于实况，没有对农业气象灾害开展实时滚动的监测服务，同时服务内容较粗、服务产品用语模糊、长年不变，针对性差，可用性不强。与当前农业生产和结构调整还不能完全相适应，直接制约了农业气象服务效益的发挥。

（4）服务方式过于传统化。目前的农业气象服务产品大多是以书面交流、政府交换等方式传送到决策管理部门，使气象为农业服务的面过于狭窄，甚至造成众多部门将农业气象狭隘地理解为天气预报。直接面向农村、农民的农业气象信息传播途径和手段很有限，气象信息传播环节薄弱，重大气象灾害预警、重大农事活动的预报服务信息往往难以在第一时间传送到农民手中，在一些贫困县、乡、农村气象信息更不能得到及时传播，解决"最后一公里"的问题迫在眉睫。

（5）农业气象业务的科技支撑能力尚待加强。多数农业气象服务产品仍停留在定性描述或以传统的统计方法为主的水平上，产品的定量化、模式化程度不高，科技文献信息保障力度不强，研究不够深入，极大阻碍着农业气象服务现代化进程。

（6）农业气象服务领域需进一步拓展。为农业生产和粮食安全提供气象保障服务，为农业产业化提供气象保障服务，为生态保护和环境建设提供气象保障性服务。

（7）科研业务发展与实践结合不够紧密。现代农业气象业务中急需解决的科研问题多处于起步阶段，虽然部分研究已取得阶段性的科技成果，但成果向现实生产力的转化不够顺畅，为现代农业气象提供技术支撑存在滞后性。

同时思想陈旧、观念落后，人才培养不及时，农村气象科普宣传不够等问题，都是影响农业气象信息服务发展的因素[9]。

黑龙江省作为我国重要的商品粮生产基地，中国北部的大粮仓，做好稳产、增产是我省农业发展的主导思想。但当前气象资源分散、数据资料不齐全、上报与整理不及时、服务人员分析与利用水平参差不齐，获取信息的设备的重复投入等问题都使气象资源的利用与为农业服务受到严重制约。目前已有的气象信息网站，主要是省市县气象局的官方网站，各网站主要以时事信息报道和地方天气预报信息为主，同时发布一些气象科普知识，对于气象学科文献、图片、视频极少涉及，也没有类似收录此类资源的数据库，这样的网站平台仅适合于部分管理者阅读，而对于气象学科的科研工作者及一线技术人员没有任何帮助，信息服务基础资源贫乏，不能算是一个完善的信息服务体系。基于上述原因，要加快农业气象信息化进程，亟须建立一个信息资源类型丰富、数据信息及时准确、界面操作简单人性、用户服务全面细致的全新理论与实践应用一体化的现代农业信息服务体系，为农业生产者、经营者、管理者、研究者和决策者提供信息服务，并指导生产的各个环节，充分发挥信息技术在农业中的"信息支撑"作用，为农业气象信息化提供技术和组织保障。因此，结合我省实际情况，建设"黑龙江农业气象信息共建共享服务平台"是非常必要的。

1.1.2 研究的意义

2005 年，中央一号文件明确地提出了"加强国家基地的创新能力建设，加快信息技术等高新技术的研究"，同时"要按照强化公益性职能、放活经营性服务的要求，加大农业技术推广体系的农业公共信息和培训教育服务等职能"，以及"尽快建立农产品市场信息体系等七大体系"的战略方针，对我国今后广泛深入开展农业信息服务体系建设给予了国家和政府的最高关注和政策支持。2010 年，中央一号文件明确提出了要健全农业气象服务体系和农村气象灾害防御体系，充分发挥气象服务"三农"的重要指导思想。《现代农业气象业务发展专项规划（2009—2015）》也要求，全面加强农业气象服务体系建设，提高农业气象服务能力，各级政府部门在制定本地区中长期发展战略时都将建立和完善农业信息服务体系纳入了区域发展规划当中[1]。建立农业气象信息服务体系有利于农业生产经营，有利于农业结构调整，有利于农业增效农民增收，更可以指导农村开展防灾减灾活动。无论从经济背景、社会背景、发展的条件以及动因几个方面，建立和完善我国农业信息服务体系，对于实现农业发展与服务现代化以及农业的国际化都有重要意义[10~12]。

农业气象信息服务平台建立的意义：

有利于有效即时搜集分散的地方气象资源，提高资源的利用率，提高分析预测的准确率，对决策者进一步制定长期的种植与发展规划战略意义十分明显。

有利于各类型资源内容的整合，使研究者在理论研究的基础上，能利用数据、云图等多种形式的真实资料实现理论与实践的有机结合，为黑龙江省气象科研人员的研究工作做好文献资源保障服务。

有利于扩大气象资源的覆盖和服务范围。只要开通网络的地区，均可登录并使用平台资源，不受时间及空间限制，为信息需求者节省了时间及其他不必要的开支，更便捷地满足了更多地区更多人群的信息需求。

有利于气象信息资源发挥更大的生产指导作用，通过建立共建共享机制，各气象服务机构的资源将不断被完善更新，实际应用性将被大大提升。

1.2 国内外农业气象信息服务平台构建研究现状

1.2.1 国外研究现状

农业气象服务在 50 多年的发展历程中，几经曲折。从 20 世纪 50—60 年代后期的起步，60—70 年代的停滞，80 年代的恢复，90 年代的快速发展，直到 21 世纪的蓬勃发展，服务工作才成为气象机构工作的重要组成部分，从此，气象与农业的关系变得更加紧密起来[4]。

随着社会经济和计算机技术的发展，农业气象服务逐步进入网络化、信息化发展阶段。利用先进的计算机手段，实现农业气象信息的网络化，可以更直观、更准确的反应气象情况的真实场景，为有效的气象服务打下了现实基础[13]。

近年来，国外一些发达国家充分利用已有农业气象服务平台资源，通过高新技术的使用，积极开展为农业气象服务，其中以欧美最为突出。目前，欧美等发达国家的农业气象信息技术应用已成功内嵌至信息服务平台，形成一个产业化发展的项目，各类信息技术和相关产品已经在农业气象生产和各类经营管理中得到广泛应用，发挥了重要作用，并为农业气象现代化注入了强大的活力[14~18]。

首先，用户可以通过平台遥感监测信息对农业种植及生长实行预测。

遥感监测和信息处理技术的发展为其在农业气象中应用起到了很大的促进作用，特别是应用极轨气象卫星在干旱监测和作物产量预测中取得了较大进展。20 世纪 90 年代以来，美国应用极轨卫星通过 AV 件指数（VCI）和温度条件指数（TCI），对大范围由于干旱引起的植被进行了成功的监测，并应用该指标（VC I2TCI）评估全球各大洲干旱对农业生产的影响，最近，美国威斯康星大学根据实时静止环境卫星（GOES）信息和实时天气信息，以及大气和土壤—冠层环境预测模式，进行作物灌溉计划、霜冻的预测预防和作物病害发生发展的监测预测，并通过互联网对用户服务[19,20]，使用户享受"足不出户"的信息服务。

其次，服务平台搭建模拟模型系统。

模拟模型作为定量研究作物与环境条件之间相互作用的一种技术，自 1980 年以来的近 30 年受到了国际学术界的广泛重视。著名的模拟模型如 DS-SAT、CROPGRO 等通过建立数学模型，详细描述了天气、土壤水分、氮和碳等元素与粮食作物、豆类作物和根类作物的相互作用，以预测作物的生长发育和产量，同时可为农民的生产管理进行决策。基于地理信息系统（GIS）的作物模拟模型系统在近年取得了较大进展，美国佛罗里达大学已建立了农业环境地理信息系统（AEGIS），把作物模拟模型（DSSAT）与地理信息系统（Arc Info/Arc View）有机地结合在一起，使模拟模型能够应用于大范围不同天气、土壤和管理条件的地区[21~23]，使用户可以提前通过网络对农业气象变化情况对农业生产进行预测，及时采取相应的措施，保证农业生产的质量。

第三，网络技术被广泛应用。

随着全球气候的变暖，极端天气事件不断出现。为了减轻气象灾害性天气对农业生产的影响，在有关单位的协作下，美国部分州相继建立了该州的中尺度气象监测网络平台（Mesonet），以自动气象站观测资料为基础信息，采用计算机网络技术，实现了实时采集、传输、处理气象和农业气象信息，并通过因特网向社会和公众提供多种服务。其中，科罗拉多州将其称为"州农业气象网"，为农业灌溉、作物病虫害预警防治管理提供决策信息，以及农业专家应用网络信息对作物发育速度、程度和最终产量进行预测等[24,25]。

发达国家农业气象服务平台建设工作在网络软硬件技术运行方面相对我国更成熟一些，且技术较先进，通过网络信息技术，在公共气象服务平台整合遥感技术和模拟模型技术，他们的这种服务体系是值得我们借鉴的。但是，农业气象服务不仅仅是建立实践中应用的模型、也需要理论研究对实践进行不断指导，这样相辅相成才能使农业气象服务平台发挥更大的作用，所以，学科科技论文、图片、技术视频也应该是农业气象信息服务平台的重要资源。"理论"和"实践"并行的服务平台才是最优化的服务平台。

本文研究正是基于此点出发，在以"实践"行为为平台资源主体的研究形势下，提出整合"理论"资源至服务平台，使农业气象服务平台发挥更大的对生产及生产发展的指导作用，高质量的实现平台的服务功能。

1.2.2　国内研究现状

目前，我国现代农业气象服务体系已经得到初步发展，气象工作者在农业服务方面做了很多工作，通过多年的努力，已取得了一定的成绩。农业气象平台服务的范围也在不断拓宽，社会经济效益越来越显著。我国农业气象服务现状统计情况如表 1 – 1 所示。

表 1 – 1　我国农业气象服务现状分类统计表

Tab. 1 – 1　Current situation classification statistical agrometeorological service in China

类别	当前实际建设情况
服务内容	旱、涝、低温、霜冻等灾害性天气的长中短期预报[26]
	抗旱、抗低温、防霜等技术和灾情信息报告
	作物生长及农业气象产量预报
	农业气候资源分析及区划信息[26]
	森林、草原等火险气象预报
	地区生态变化的监测，并提供与生态有关的气候环境变化资料及气候论证[27]
服务方式	形成了国家、省、市、县四级农业气象业务布局，农业气象服务方式由过去简单地以信息发布为主的由点到面的服务方式，发展到直接面向农户的点对点的服务方式，农业气象服务水平及效果都显著提高[28]

（续表）

类别	当前实际建设情况
服务范围	农村公共气象服务体系日益健全，以市县级气象部门为农村气象服务的主体，在乡镇建立了 15400 个农村气象信息服务站进行灾害性天气预报服务、农业防灾减灾服务、农业气象情报和预报服务[29]

　　从表 1-1 不难看出，目前国内气象服务系统内容多是以预测、预报、信息传送为主要内容；服务对象主要是农村农民，服务层次较浅，使用对象较单一，服务范围较窄。在农业信息化的发展中，农业气象服务不仅仅只是为农民提供预报服务，也要对技术人员、研究人员有一定的指导作用，平台建设资源不仅仅是天气预报、新闻资讯、科普知识和政策法规，还应有农业类科技文献、主要气象数据资源、常见灾害图片及应急处理视频等资源的查询及收看功能，这些资源不仅仅对于农民有一定的警示和指导作用，同时对于技术人员和学科研究的专家学者也是重要的学习资料及研究参考，对决策也具备相当程度的辅助意义，所以，在今后的平台建设中，资源覆盖的全面性是应该重点考虑的，建设一个能满足不同层次用户需求的信息服务平台是最重要的，使农业气象资源用户通过平台资源的浏览、检索，真正的实现"一站式"服务的目标。

表 1-2　黑龙江省主要气象服务网站情况调查表

Tab. 1-2　Situation research of Main weather service web site in Heilongjiang province

网站名称	主办单位	平台资源		服务咨询	适用人群
		资讯类资源	专业数据库		
黑龙江省气象网	黑龙江省气象局	新闻资讯政策法规天气预报气象科普政务信息	无	无	管理者、相关业务单位工作人员
黑龙江省气象台	黑龙江省气象台	新闻资讯政策法规天气预报气象科普专项预报（此页未见内容显示）	无	无	管理者、各地市业务工作者

（续表）

网站名称	主办单位	平台资源		服务咨询	适用人群
		资讯类资源	专业数据库		
黑龙江气象	黑龙江气象学会	新闻资讯 政策法规 天气预报	《黑龙江气象》刊载文章及部分图片列表，无专业数据库资源	咨询电话；E-mail 邮箱	向《黑龙江气象》期刊投稿的作者
黑龙江农业信息网	黑龙江农业委员会	农业气象资讯	无	无	网络新闻浏览者
黑龙江农业经济信息网	首页示见	新闻资讯 政策法规 天气预报 地市气象信息	无	咨询电话；E-mail 邮箱	网络新闻浏览者
黑龙江农业气象信息服务平台	本文研究所建	新闻资讯 政策法规 天气预报 气象科普	农业气象科技文献数据库；农业气象图片数据库；农业气象视频数据库；农业气象信息查询数据库	虚拟咨询平台提供：表单咨询；E-mail 咨询；在线咨询；可视化音视频咨询	农村农民；田间技术员；学科发展研究者；管理决策者；新闻浏览者

本文通过百度和谷歌搜索，综合选取访问排名较靠前的黑龙江省气象服务网站进行了资源与服务方面的调查，调查结果如表1-2所示。在调查的网站中，资讯类资源信息较丰富，但专业类学术资源数据库却没有一家网站进行建设，仅"黑龙江气象"网站上有本刊刊载的学术论文及部分图片信息资源，但只是以列表的形式提供读者阅读，并不能实现专业文献的查询。另外，在咨询服务中，有两家网站提供了一个电话和一个电子邮箱地址，作为网站使用上的联系及问题咨询，咨询方式较单一。咨询服务是为解决各类型用户在资源与资讯获取方面的疑难而设立的，所以，多样化、方便实用的咨询方式是一个服务型网站所必须具备的基础条件。本文研究所构建的黑龙江省农气象信息服务平台，正是基于上述两个方面，以资源"一站式"服务为最终建设宗旨，使各层次用户都能在网站资源与咨询服务中得到所需。

农业气象信息服务体系不是一个独立的体系，它是新时期农业气象技术推广的新形式，两者之间是相互依存的。建立健全信息网络，把气象科技成果和业务服务信息迅速广泛传播出去，努力使气象为农业服务，面向政府、面向农技人员、面向农民、面向生产实际，创造出显著的社会经济和生态效益，提高气象为农业服务的现代化水平。

1.3 本课题研究内容及技术路线

1.3.1 研究内容

（1）研究课题的确立。主要描述本项研究的提出背景、研究的意义，以及对国内外相关研究的现状考查，同时，给出本文研究的主要章节内容概要、研究方法和技术路线图。

（2）农业气象信息服务平台建设理论基础。为了更好地理解本研究的基本内容，首先将研究中涉及的相关概念及理论作简单阐述；其次对平台构建要遵循的基本原则、平台要实现的主要功能以及平台的层次结构进行了详细的说明。

（3）农业气象信息服务平台的设计与分析。文中对平台的总体结构、平台的资源组成、平台的传播途径及安全保障等几方面内容进行了详细研究，以农业气象文献与图片及视频信息数据库为主体，以参考咨询服务为补充，以衍生产品为扩展，为用户提供多种资源、多个层次、多条途径的全方位服务。基于互联网络的农业气象信息共享服务平台为加强农业技术推广、加快农业信息现代化的脚步给出了新思路。

（4）农业气象文献专题信息数据库的设计。文献信息数据库系统是平台的主要内容之一，它是采用 B/S（浏览器/服务器）体系结构，ASP 语言技术，SQL Server 数据库管理系统，实现文献检索、存取等实用功能。同时，在个性化信息服务应用进行扩展，实现文献数据库的信息定制与资源推送服务。

（5）音视频咨询系统的设计。虚拟参考咨询系统是信息交流的重要途径，为了改善传统咨询不能面对面交流的不利局面，本文利用现代网络与通讯技术设计了音视频咨询模块，实现了专家与用户的面对面交流。本文通过 JMF（Java Media Framework）和 RTP 技术实现了音视频咨询、音视频在线录制以及音视频在线播放的即时咨询模块，音视频的编解码是分别遵照 G.723 和 H.264 的协议。

（6）黑龙江省农业气象信息服务平台的实现。文中对本次研究所构建的平台进行了具体功能的实现的介绍，并对各子系统进行说明，使系统资源与服务的建设结果直接呈现给用户。

（7）讨论与结论。文中对本次研究平台在资源扩展、服务提升等方面进行了深入讨论，同时对本文建设进行了全面总结。

1.3.2　研究技术路线

具体技术路线如图 1 - 1 所示。

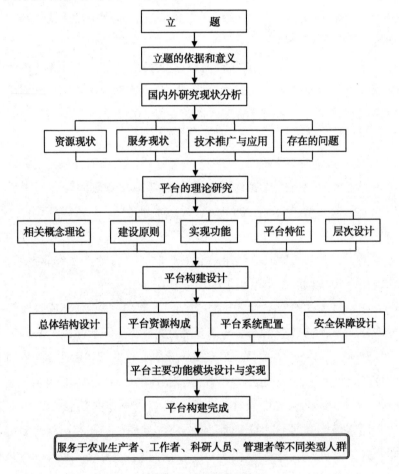

图 1 - 1　技术路线框图

Fig. 1 - 1　Block Diagram of Technical Route

2 农业气象信息服务平台建设的基础情况

随着人类社会进入 21 世纪，农业也开始了信息农业的时代。农业信息服务成为农业信息化、现代化发展的重要支持手段和工具，农业信息服务的开展对农业研究的推进、对农业科技的推广、农业发展的决策起到了战略支撑作用[30]。黑龙江省农业气象信息共享服务平台正是以推进农业信息化建设为出发点和落脚点，解决农业生产与研究等不同群体对农业气象信息的应用需求而建设的一个应用服务平台，通过平台的各类资源，解决不同人群对信息的不同需求，以解决生产、科研、管理等各方面疑难[31,32]。

本章节将对平台构建研究中涉及的建设原则、平台特征、平台功能等方面内容进行重点阐述。

2.1 平台建设的基本原则

农业气象信息服务平台是为了提高农业气象信息需求主体（包括生产者、研究者、决策者）利用现有信息资源解决理论与实践问题的能力而建设的，因此，要想建设一个高效益、易操作的优秀网络平台，应遵循以下基本原则[33~35]。

（1）先进性原则。信息平台的建设是功在当代、利泽千秋的公益性事业，应采用先进的系统规划和设计理念、高标准的硬件配置、先进成熟的软件技术，并且能够不断地完善改进。

（2）开放性原则。信息平台与众多用户连接，因此公共信息平台与用户的接口设计非常重要，必须保证用户和其他相关信息平台可以方便地连接到平台。

（3）规范化原则。平台建设内容较多，涉及文献的加工、数据的传送、综合信息服务等，应选取成熟、通用的标准规范与协议进行系统建设，包括国际标准、国家标准、行业标准、《我国数字图书馆标准规范研究》课题推荐的标准与规范等，便于平台的整体管理和用户使用。

（4）实用性原则。平台使用要简洁、实用。用户在进行操作过程中，能快速地进行检索、输出，省时省力，提高平台利用率，同时也避免了操作错误的发生。

（5）成熟性原则。平台在开发过程中，应用软件采用开发与引进相结合的系统开发和集成方式，尽可能利用已有的技术成果，加快实施进度，降低建设风险。

（6）统一性原则。平台功能全部模块化，平台和子模块在统一的系统框架下运行，遵照统一的标准和规范，形成系统之间的信息共享和信息交换机制，便于系统的灵活配置和部署。

（7）网络化原则。平台是基于现代信息技术的网络化信息共享与服务系统，必须采用因特网等信息技术实现农业科学数据资源的共享与发布。因此，网络化环境是建设平台的首要条件。

（8）发展性原则。平台建设过程中要充分考虑数据不断变化、用户需求不断增加以及信息技术网络技术快速发展的因素，确保平台具有持续长久的服务能力。

（9）安全性原则。平台的安全性是开放性的前提，只有保证安全，才能为用户提供服务，所以在在平台规划和设计时，采用先进成熟的网络安全技术和严格的用户权限管理，以防止非法操作和恶意入侵造成的系统灾难。

2.2　平台的主要功能

农业气象信息服务平台功能分析是构建平台的基本依据，所谓功能是指系统自身具有的服务能力，或者说是系统对结果输出的检验尺度。归纳说来，黑龙江省农业气象信息平台具备下述三大功能。

2.2.1　学习功能

学习功能是农业气象信息服务平台的基本功能。用户登录平台后，可以通过浏览了解平台内容。平台设有农业气象知识、各项政策法规、专家介绍、科研信息等多个学习栏目，并会及时对相关内容进行更新；同时，平台上还提供关于农业气象的文献信息资源、灾害图片信息资源等资源的检索系统，用户可以通过对专业系统内的信息内容的学习，提高自身气象知识面的扩展，更好地进行农业生产和研究。

2.2.2 检索功能

检索功能是农业气象信息服务平台的主要功能。平台是在全面整合各类型农业气象信息资源，基于 Web 建立起来的。在平台资源中，有关于气象的文献信息资源、图片信息资源、多媒体信息资源各自形成独立的检索系统，用户通过平台的检索功能，可以获取到所需的各类型信息。检索功能的实现，使用户在一个平台内就可以实现对不同类型信息的获取，避免了用户大海捞针般的劳动。

2.2.3 服务功能

服务功能是农业气象信息服务平台的增值功能。实现平台更好的学习与检索功能，服务功能是重要的辅助，平台服务包括资源和使用两个方面。

资源服务包括信息定制、信息推送、全文传递等服务，有效地帮助用户进行信息跟踪和信息获取。

使用服务包括培训服务和咨询服务。平台面对普通用户（即计算机应用及检索能力相对薄弱人群）提供了平台使用和检索知识在线培训，以方便其利用平台资源；对于科研人员及计算机应用能力较强者则趋向检索技能培训，以提高其检索技能和利用平台的效率。在线培训难以解决的问题则可以通过邮件、表单等进行问题咨询，也可以通过在线咨询与专家直接沟通，实现专家和用户的"零距离接触"，真正让信息化拉近信息持有者和信息需求者之间的距离。

2.3 平台的主要特征

农业气象信息服务平台的资源类型比较丰富，但资源内容却有较强的专一性；平台在建设过程中，采用了先进的计算机技术和网络通信技术，遵循通用的标准和协议，提高了平台的使用性；服务方式设计强调互动性，选择以最简单的方式实现服务目的，因此，黑龙江省农业气象信息服务平台具有以下特征[36,37]。

（1）内容全面。平台建设的主要内容是农业气象信息服务，所以，在资源选择上，本研究并不局限于专业的气象气候数据资源，同时兼顾农业气象文献信息资源、气象图片资源（包括气象灾害图片、极端天气图片等）、气象活动影视资源、气象相关政策法规资源、网上气象资源等多个方面，旨在建设内容全面的资源一站式信息服务平台。

（2）技术先进。建设"农业气象信息服务平台"需要现代化技术的有力支持，如现代信息处理技术、网络技术、数字化技术、数据挖掘技术等，与当前时代与信息发展步伐相一致，建立符合用户使用习惯，适应发展要求的现代化服务平台。

（3）操作简单。平台界面分区清晰，层次清楚。用户打开平台后，可以进行整体页面的信息浏览，如果对某一方面信息有需求，可以直接点击对应信息子模块，即可进入对应资源检索页面，进行信息检索。操作简单易懂，极大地方便了各层次用户的使用。

（4）互动服务。平台基于 Internet 建立，改变了过去用户咨询难，耗时耗力耗资源的问题。平台采用先进的技术手段，实现了资源检索结果的自动定制、推送服务，生产技术问题的专家解答服务，专家在线咨询服务，邮件表单等沟通服务，使服务实现了点对点的无缝对接，为用户问题解决省时省力省钱提供了最大的便捷。

（5）开放扩展。平台的建设在技术上采用当前较先进的计算机网络技术，数据搜集、整合、加工、标引等工作均遵循国际、国家标准规范，使数据通用性增强。同时，随着认识与研究的不断变化，平台可以接受由于信息类型与信息容量的增加而带来的大承载的问题，为各层次用户提供不间断服务。只要及时进行系统维护，平台完全可以成为面向全省气象信息需求用户提供服务的最权威系统的服务平台。

2.4 平台的层次结构

在农业气象信息服务平台中，资源的提供与服务最终是通过互联网络实现的，平台资源网络结构如图2-1所示。

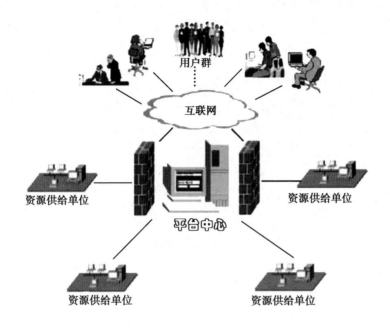

图2-1　平台资源网络结构图

Fig. 2 – 1　Network structure chart of platform resources

平台运行的基础是通过先进的信息技术与网络技术、各种标准规范实现各类资源的有效分类、组织、标引，形成规范化的专业信息资源，之后向农业生产经营者、农业科学研究者、农业管理决策者提供信息支持和服务支持。平台各层次结构如图2-2所示。

2.4.1　资源层

资源层主要是包括黑龙江省气象信息中心、气象科学研究院、省内各家图书馆及其他气象信息收集机构平台内容，将其各家所藏资源整合到本平台，形成包括文献信息资源、数据信息资源、多媒体信息资源、网络信息资源于一体的资源平台，完成"一站式资源服务"建设目的。

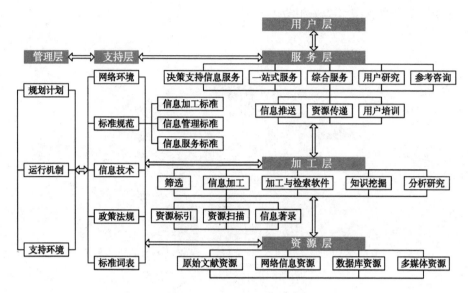

图 2 - 2　平台层次结构图

Fig. 2 - 2　Every hierarchical structure of platform

2.4.2　加工层

加工层是对各大类信息资源的加工处理。包括数据筛选、信息加工、检索软件、知识挖掘、分析研究等。

筛选是确定要进行建设的子模块内容，以便于选择相关类型的信息资源、网络资源，进行信息采集。

信息加工：即从原始资源、网络资源及数据库资源中提取各种气象信息资源，对其进行标引、数据著录等，形成不同资源类型的子模块系统。

信息加工与检索软件：设计并建设提供信息检索功能的系统。这部分的实现可以有两种途径，一种是可以通过与相关公司合作，由"平台"建设的组织者提供相应的标准规范及需要达到的检索目标，由向公司外包的形式来完成，这是目前比较常用，也比较值得肯定的做法，公司的设计人员对技术的掌握比较全面，经验比较丰富，软件设计得心应手；另一种是自主研发检索系统，如本文平台建设研究中，文献资源检索系统的实现，因为平台建设者对系统技术与结构分析比较透彻，同时也了解用户的需求及资源现状，掌握了一定的规范与标准的应用，因此，这种方式更能够达到比较满意的结果，同时也为平台的建设节省了开支。

知识挖掘：是指针对特定用户的特定需求，进行深层次的信息开发与研究的一种资源开发技术。

2.4.3　服务层

服务层是平台面向用户提供的服务类型与服务方式的层面。

综合信息服务：平台将面向全体用户提供资源检索、文献提供、参考咨询等为一体的综合信息服务。

决策支持服务：通过需求受理，利用平台各类型资源，为各级各类管理人员提供具有参考价值的决策性的信息服务。

一站式服务：用户通过一个平台，便可以通过不同子模块得到需求的各类型气象信息资源，达到一次性解决问题的目的，省时省力。

个性化服务：推出网络环境下的信息推送、信息定制等个性化服务，方便用户跟踪信息。

2.4.4　用户层

平台用户包括普通农户、农业生产经营者、农业技术工作者、农业气象科研者、农业发展管理者等各层次农业科技信息用户。

2.4.5　管理层

管理层是支撑平台有效运行的管理层面。平台建设与运行过程中，需要多个资源供给机构，保持机构与平台的长久关系，争取推行共建共享的运行机制，并实行资金分配制度及相应的奖惩制度。

支持环境：各种政策法规及各种支持条件，制定体现政府意志、符合用户心理的各种合理化文件。

2.4.6　支持层

信息技术支撑：技术支持是平台运行的基本条件，包括加工处理各类资源的计算机、扫描仪等设备，同时包括传送、存储数据的网络设备。

网络环境支持：保证平台正常高速、畅通的网络运行条件。

政策支持：农业科技发展和科技创新离不开信息资源的保障。我省农业气象信息资源管理比较分散，各机构间相互比较封闭，缺乏整体规划和统一组织。"平台"建设是整合分散信息资源的最有效途径，需要政策上、法律与法规上的支持与保障。

标准规范：资源数据在加工过程中需要用到具体的标准、规范，使数据制作完成后具有通用性、可识别性，提供标准参考模型和术语显得尤为重要。

3　农业气象信息服务平台设计

农业气象信息服务平台建设的目标是要创造一个集成化的信息环境，利用先进的网络应用平台，形成一个专业、全面、系统的气象信息服务平台，为各类型信息用户提供信息资源，从而提高气象信息的利用率，促进农业气象科技工作进一步发展。

3.1　平台开发技术背景

3.1.1　B/S 模式的体系结构

3.1.1.1　B/S 结构介绍

随着计算机技术和网络技术的迅速发展，信息系统建设不断朝着集成化、智能化、网络化与分布式的方向发展。近年来，世界范围内 Internet/Intranet 环境的形成使得基于 Intranet 环境的信息系统的设计开发成为未来信息系统建设及发展的重要方向，以往的主机/终端和 C/S 在全球网络开放、互连、信息随处可见和信息共享的新要求下，缺点和不足越来越明显。系统结构设计的好坏，不仅影响着系统的效率、安全性、可维护性，更影响系统使用的方便及可靠性，于是，一种新兴的逻辑结构即 B/S 模式应运而生，获得飞速发展，并被广泛使用。

B/S 结构（Browser/Server）即浏览器和服务器结构。它是在 Internet 技术兴起带动下，对 C/S 结构的一种变化的或者改进的结构。在这种结构下，用户工作界面是通过 WWW 浏览器来实现，极少部分事务逻辑在浏览器端（Browser）实现，但是主要事务逻辑在服务器端（Server）实现，形成所谓三层结构，这样就大大简化了客户端电脑载荷，减轻了系统维护与升级的成本和工作量，降低了用户的总体成本[38~40]。

3.1.1.2 B/S 结构原理

B/S 结构按功能将信息系统分为表示层（Presentation）、功能层（Business Logical）和数据层（Data Service），分别安装在不同或相同的硬件平台上，体系结构如图 3-1 所示。

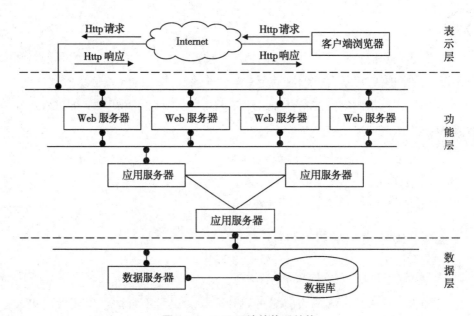

图 3-1　B/S 系统的体系结构

Fig. 3-1　The constitution of the system based on B/S

（1）表示层。是用户与系统间互通信息的窗口。Web 浏览器在表示层中包含系统的显示逻辑，位于客户端。它的任务是由 Web 浏览器向网络上的某一 Web 服务器提出服务请求，Web 服务器对用户身份进行验证后，用 HTTP 协议把所需的数据传送给客户端，客户机接收传来的数据，并把它显示在 Web 浏览器上。

（2）功能层。具有应用程序扩展功能的 Web 服务器在此层中包含系统的事务处理逻辑，位于 Web 服务器端，是应用的主体。它的作用是接受用户的请求，然后执行相应的扩展应用程序实现与数据库进行连接，通过 SQL 等方式向数据库服务器提出处理申请，等数据库将数处理结果提交给 Web 服务器后，再由 Web 服务器传送回客户端。

（3）数据层。数据库服务层为应用提供数据来源，位于数据库服务器端。数据层的任务是存储应用中的数据，接收 Web 服务器对数据操作的各种请求，实现对数据库的查询、修改、更新等功能，然后将运行结果提交给 Web 服务器[41~45]。

3.1.1.3 B/S 结构特点

在 B/S 模式下，每次浏览器提出的请求不同，Web 服务器就根据不同的请求生成新的 HTML，这样客户端就间接获得了数据库服务器的数据。同样，用户如果要修改、添加、删除数据，浏览器就会把更新数据的请求包含在 HTTP 请求中，由 Web 服务器转告数据库服务器，完成相应的工作。B/S 结构模式将业务逻辑与用户界面分离，表示层放在客户端，功能层放在应用服务器上，数据层放在数据库服务器上，这种多层次的浏览器/服务器结构克服了传统客户机/服务器结构存在的缺陷，优点可概括如下。

（1）用户界面简单易用。用户通过在浏览器页面点击鼠标即可访问文本、图像、数据库等信息，用户无须再学习其他软件的使用。

（2）易于维护与升级。维护人员不必对客户端进行逐一升级，只要把精力放在功能服务器上，更新服务器端的软件即可，减轻了系统维护与升级的成本。

（3）具有良好的开放性和扩展性。由于 B/S 结构采用标准的 TCP/IP、HTTP 协议，所以，能够与遵循这些标准协议的信息系统及其网络很好地结合，同时，也能在完全不同的硬件平台与服务器端应用程序进行通信所以说，具有良好的开放性和扩展性。

（4）系统灵活。B/S 结构的各模块功能相对独立，所以，当一个模块改变时，其他模块不受影响，系统改进变得非常容易。

（5）系统安全性好。系统在客户端与数据库服务器之间增加了一层 Web 服务器，使两者不再直接相连，通过对中间层的加固可实现更加健全、灵活的安全机制。客户机无法直接对数据库内容进行操纵，加上适当的防火墙技术等就能有效地防止用户的非法入侵[46,47]。

在局域网建立 B/S 结构的网络应用，并通过 Internet/Intranet 模式下进行数据库应用，相对易于把握、成本也较低，它是一次性到位的开发，既能实现不同的人员，从不同的地点，以不同的接入方式（比如 LAN，WAN，

Internet/Intranet 等）访问和操作共同的数据库，也能有效地保护数据平台和管理访问权限，服务器数据库也很安全，特别是在 JAVA 这样的跨平台语言出现之后，B/S 架构管理软件更是方便、速度快、效果优。

3.1.2　ASP 技术

3.1.2.1　ASP 工作原理

ASP（Active Server Page，活动服务器页面）是 Microsoft 公司开发的服务器端脚本环境，自从 IIS 3.0 开始支持 ASP 以后，ASP 技术得到了空前迅速的发展。它能够将 HTML 页面、脚本命令、ASP 内建对象和 ActiveX 组件无缝地连接起来，从而创建功能强大的 Web 应用。

ASP 属于 ActiveX 技术中的服务器端技术，因此与通常的在客户端实现的动态主页技术如 JAVA Applet、VBScript、JAVAScript 所不同的是，ASP 的命令和脚本都是在服务器中解释执行，送到浏览器的只是标准的 HTML 页面。这样一来，开发者便不必考虑浏览器的类型，也不必考虑浏览器是否支持 ASP；而且，在浏览器端看不到 ASP 源程序，程序的安全性得到了保证，开发的利益得到了保护[48]。

ASP 是服务器端脚本编写环境，其脚本以 .asp 为后缀的文件形式存在 Web Server 中。当客户用浏览器通过 HTTP 从 Web Server 请求一个 .asp 文件时，Web Server 启动 ASP[49]。Web Server 解释执行该文件，然后动态地将执行结果生成一个 HTML 页面反馈给客户端的浏览器。由于 ASP 支持 ActiveX 组件，这能够极大地扩展服务器的功能，它访问数据库也是通过一个 ActiveX 组件 ADO（Active Data Object）来完成的，通过 ADO，ASP 页面能够很方便地访问任何 ODBC 和 OLEDB 的数据源，并执行 SQL 语句以完成数据库操作。其过程如下图 3 - 2 所示。

由于 ASP 是通过 WEB 服务器解析之后再把数据返回浏览器的，所以使用 ASP 技术，用户就不必担心浏览器是否能运行自己编写的代码。ASP 技术中把所有的程序都在服务器端执行，这也包括所有嵌在普通 HTML 中的脚本语言。当程序执行完后，服务器只是将执行的结果通过浏览器返回给客户，这样大大减轻了客户端浏览器的负担，从而也提高了交互的速度。同时，ASP 对于编程人员也没有过高的要求，编写的代码，不需要编译就可直

图 3 - 2　ASP 工作原理

Fig. 3 - 2　ASP principle

接在服务器端解释执行。

3.1.2.2　ASP 技术特点

ASP 是一种服务器端脚本编写环境，可以用来创建和运行动态网页或 Web 应用程序。ASP 网页可以包含 HTML 标记、普通文本、脚本命令以及 COM 组件等。利用 ASP 可以向网页中添加交互式内容，也可以创建使用 HTML 网页作为用户界面的 Web 应用程序。与 HTML 相比，ASP 具有以下特点[50,51]。

（1）无须编译。ASP 脚本集成于 HTML 当中，容易生成，无须编译或链接即可直接解释执行。

（2）易于生成。使用常规文本编辑器即可进行 *.asp 页面的设计，同时 ASP 文件是包含在 HTML 代码所组成的文件中的，易于修改和测试。

（3）独立于浏览器。服务器上的 ASP 解释程序会在服务器端执行 ASP 程序，并将结果以 HTML 格式传送到客户端浏览器上，因此使用各种浏览器都可以正常浏览 ASP 所产生的网页。

（4）面向对象。在 ASP 脚本中可以方便地引用系统组件和 ASP 的内置组件，还能通过定制 ActiveX Server Component （ActiveX 服务器组件）使服务器端脚本功能更强。

（5）与任何 ActiveX scripting 语言兼容。除了可使用 VBScript 和 JSscript 语言进行设计外，还可通过 Plug - in 的方式，使用由第三方所提供的其他 scripting 语言。

（6）源程序码不易外漏。ASP 脚本在服务器上执行，传到用户浏览器的只是 ASP 执行结果所生成的常规 HTML 码，这样可保证程序源代码不被他人盗取。

（7）方便连接 ACCESS 与 SQL 数据库。

3.1.3　数据库技术

3.1.3.1　SQL Server 数据库简介

对于网站建设来说，为用户构建最适合用户使用的检索平台，建设高质量的数据库才是最重要的。所以，在选择数据库时，我们有必要考虑到资金的问题，价格较高的 Oracle 及 informix 都不适合，由于最终呈现给读者的动态检索页面是通过 Web 服务器实现的，所以 Web 服务器与数据库之间的连接非常重要，而 Foxpro、Access 等桌面数据库无法满足这方面的要求，所以我们选择微软的 SQL Server 2000 作为数据库平台，与 IIS 有良好的集成能力。

SQL Server 是 Microsoft 公司开发的一个面向 21 世纪的数据库。作为 Windows 数据库家族中出类拔萃的成员，SQL Server 这种关系型数据库管理系统能够满足各种类型的企事业客户和独立软件供应商构建商业应用程序的需要。根据用户的反映和需求，SQL Server 在易用性、可伸缩性、可靠性以及数据仓库等方面进行了大幅度的改进和提高。

SQL Server 是一个关系型数据库管理系统，它除了支持传统关系型数据库对象和特性外，也支持关系型数据库常用的对象如存储过程、视图等。另外，从它的产品名称也可以知道，它支持关系型数据库必定要支持标准查询语言——SQL（Structured Query Language）。SQL Server 另一个重要的特点是它支持数据库复制功能[52]。也就是说，当你在一个数据库上执行更新时，可以将其更新结果传到 SQL Server 相同的数据库上，以此来保持两边数据库的数据同步性。

SQL Server 最早是由 Sybase 演化而来的，目前，Sybase 专心在 UNIX 操作系统上开发数据库版本，而 Microsoft 则全力推行 Windows NT 版本。因为在 4.21 版本以前，Microsoft 和 Sybase 皆销售 SQL Server，所以我们可能会看到两家公司推出的 SQL Server，但事实上两者是一回事。

SQL Server 在当今流行的 B/S（browse/server）结构中是扮演服务器端（server 端）角色。它主要的职责是存储数据和提供管理这些数据的方法，同时，应付来自用户的连接和数据存取需求[53]。由于 SQL Server 是扮演

server 端的角色，是数据的提供者，所以在 SQL Server 中看不到类似 GUI 设计的功能，也就是说，SQL Server 并不提供让你设计输入和查询的操作界面的工具，另外你也看不到和报表设计有关的工具，因为对 SQL Server 所扮演的角色而言，这不是它的职责所在。

一般情况下，我们称 SQL Server 数据库系统为数据库引擎（Database Engine），它是整个数据库应用系统中的核心。同时它还必须要有利用前端开发工具如 Visual Basic、Delphi、PowerBuiler 等产品开发出用户界面才能构成一整套完整的数据库应用系统。前端开发工具用来设计输入和查询界面，用户通过这个输入界面完成数据输入，再由前端程序通过网络传给后端的数据库引擎将数据存储在数据库。当用户要查询数据时，前端程序将查询命令传给后端的数据库执行，前端程序则等接收数据结果，然后再将结果显示在界面上。在目前的 B/S 结构中，是使用个人计算机和视窗操作系统作为前端的平台，所设计出来的操作界面都是视窗化的界面。SQL Server 可支持多种前端操作系统的连接，只要经过正确的设定，各种前端平台皆可与其连接[54]。

要保证 SQL Server 和前端平台很好连接，设定正确的网络是很重要的一点。在网络通信协议方面，SQL Server 要通过 TCP/IP、Netware 等通信协议和前端平台相连（事实上是 NT 操作系统支持这些网络通讯协议）。前端开发应用程序是靠标准的 ODBC 或 OLE DB 数据库驱动程序和下层的 DB—Library 网络程序驱动（SQL Server 本身提供）和 SQL Server 相连，还需要 Microsoft Internet Explorer 4.01 版加上其 Service Pack.1。所需的网络系统只要是使用 Windows NT 或 Windows 9X/XP 内建的网络功能即可。除非使用 Banyan、VINES 或者 AppleTalk 等通讯协议才需额外安装。至于客户端则支持 Windows 9X/XP、NT Workstation、UNIX4 等连接就可以[55]，所以本研究选择了 SQL Server 作为平台数据库系统。

3.1.3.2　SQL Server 数据库特点

SQL Server 具有开发 Web 数据库系统所需要的几乎全部优点：

（1）更高的性能和分时性。很多情况下，SQL Server 能提供比 Access 数据库更好的运行性能，而且，在 Windows NT 的支持下，SQL Server 可以极为高效的并行处理查询（在处理用户请求的单个进程中使用多个本地线程），同时也将添加更多用户时的附加内存需要量降低至最小。

（2）高的可用性。SQL Server 可以实现对正在使用的数据库进行递增的或完全的动态备份，不必强迫用户为了备份数据库而退出数据库。也就是说，数据库可以日夜不间断的运行。

（3）改进的安全性。SQL Server 集成了 Windows NT 操作系统的安全性，为网络和数据库提供同一个登录过程，这使复杂安全方案的管理变得可能。服务器上的 SQL Server 数据库可以更好地被保护起来，因为未授权的用户不能直接访问数据库文件，而必须先访问服务器。

（4）即时的可恢复性。当系统出现意外故障时（例如操作系统崩溃或电源突然断电等），SQL Server 具有一个自动恢复机制，它可以在几分钟内将数据库恢复到一致性的最后状态，而且不需要数据库管理员的干预。

（5）可靠的发布数据和事务。对于支持要求严格应用程序的系统而言，事务处理是很重要的，例如，银行系统和联机订货系统。SQL Server 通过事务日志支持最小的事务，这样就保证了在事务中进行的所有更改或者提交或者恢复。即使在系统出现故障时，或者多个用户正在进行复杂更新时，也能保证数据库事务的一致性和可恢复性。SQL Server 默认将一个事务中的所有数据库更改都看作单个的工作单元，要么安全的完成整个事务，并且在数据库中体现所有完成的更新，要么恢复事务，同时撤销对数据库进行的所有更改。

（6）基于服务器的数据处理能力。微软从一开始就把 SQL Server 设计为浏览器/服务器数据库，数据和索引保存在单个服务器机上，所有用户机通过网络访问这个服务器计算机。SQL Server 通过将结果发送给用户机之前在服务器上处理数据库查询，减少了网络通信量，保证了服务器应用程序在最佳的位置上运行。

（7）经济划算。SQL Server 比 Oracle 要便宜得多，尽管它的部分性能不如 Oracle 出色，但对于中小型数据库而言，它已经完全能够满足用户的要求[56~58]。

3.2　农业气象信息服务平台主体结构

农业气象信息服务平台在建设过程中，充分考虑了目标与需求相结合，先进性与实用性相结合的设计要点，从生产与研究实际出发，用先进的技术手段，保证最大程度的为用户解决实际问题。平台已经建设完成资源检索系统、信息定制与推送服务系统、Wap 手机服务系统、短信服务系统、虚拟参考咨询系统，检索数据库与服务系统有机结合，一起构成了平台信息与服务资源，如图 3 – 3 所示。

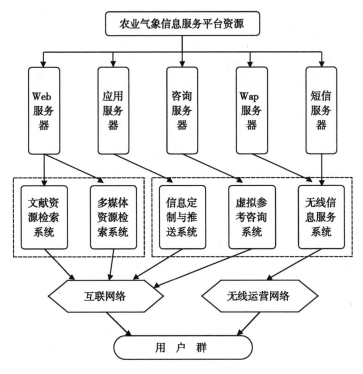

图 3 – 3　农业气象信息服务平台主体结构图

Fig. 3 – 3　Main structure chart ofagro-meteorology information service platform

平台资源系统按作用和功能区分，可以划分为三个主要层次：信息资源系统、服务资源系统和资源衍生产品。

3.2.1　平台信息资源内容

平台信息资源内容是平台服务的信息基础，其中包括门户网站建设和相关数据库的建设。

3.2.1.1 门户网站

随着互联网络技术的发展，门户网站因为只专注建设一个主题，所以，可以有效地对专业资源及信息进行整合，可以有针对性地为专业用户提供专业服务，是平台集成的基础。农业气象门户网站正是基于越来越多用户专注网络这一现实建立起来的，门户网站强调信息分类与服务，所以，建设农业气象门户网站为用户提供与农业生产、科研、政策等方面相关的气象信息内容是非常必要的。

门户网站信息资源采集遵循高质量，高时效、科学准确的原则。在采集过程中要针对需求，全面收集，收集完成后，信息加工人员要对所采集信息进行甄别、分类，选择对生产和科研有指导性的信息作为网站发布信息，保证网站内容的科学、真实。另外，门户网站建设可以丰富信息资源的范围。网站的内容除了传统的文献性资源外，还可以收集最新的数据信息、成果信息、新闻信息、政策法规性信息。各类型信息在经过整理、分类后，根据设置的栏目不同，将信息分别归属到不同的类目下，使用户仅仅是简单的打开网页浏览也能收获最新的气象信息内容。对于动态信息内容网站内也实现了对网页信息的简单检索，从而满足用户对动态信息的有效查询。同时，网站还建立有多个检索数据库系统、服务系统，用户可以对农业气象专业文献类资源进行资源检索，并请求相关服务。动态信息浏览与专业文献深度检索有效结合，实现平台的整合作用。

3.2.1.2 农业气象资源检索数据库

农业气象资源检索数据库是平台的基础，包括文献资源检索数据库、多媒体资源检索数据库。通过对不同类型资源进行元数据标准规范、加工、存储，使用户可以方便准确地从数据库内获取所需的各类型信息，也为信息服务功能的实现奠定了基础。

（1）系统结构与开发。根据平台用户使用习惯，系统结构选择经典的B/S（浏览器/服务器）模式，设计了客户浏览器、WWW服务器、数据库服务器三层的体系结构框架。系统开发也从用户角度出发，选择关系型数据库，采用 ASP 技术语言编写，通过 ADO（（Active Data Object）存取数据库。

（2）系统特点与功能。资源检索各系统在建设过程中，包括资源加工子系统、资源管理子系统、资源发布子系统、信息检索子系统和用户服务子系统五个部分的建设，具体功能如图 3 – 4 所示。

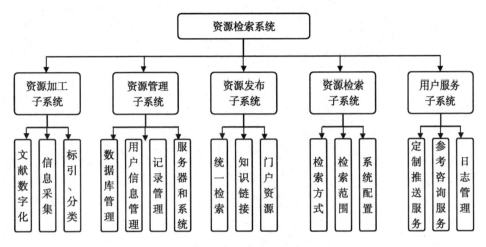

图 3 – 4　检索系统功能框图

Fig. 3 – 4　Function structure of information search system

文献资源是各学科科学研究的基本保障资源。平台文献资源检索数据库是以农业气象数字文献资源为主体资源，包括农业气象类期刊论文、会议论文、学位论文、原始文稿等四种资源形式。系统建设分为资源加工子系统、资源管理子系统、资源发布子系统、信息检索子系统和用户服务子系统五个方面。数据在进库前按照国家元数据标准对不同类型资源进行标引，然后进行数据录入和存储。各类型资源检索数据库在功能设计上，都提供简单检索、高级检索、二次检索功能，在字段设计上，提供题名、作者、关键词、摘要、刊名/会议论文集/学位授予学校、发表时间等字段检索，用户可以选择不同的检索字段，输入检索词，执行检索，系统将呈现与检索条件相关的动态结果列表，同时提供文献题录信息，供检索者参考，如果对结果全文有需求，可以通过原文传递手段来获取。

多媒体信息就是集文本、图形、图像、动画、影像和声音为一体的综合资源类型，平台多媒体资源检索系统实现检索是基于对多媒体内容信息文字描述的检索，多媒体资源将以压缩文件格式存放在数据库内。系统设置关键字检索字段，用户可以通过输入所需内容的描述性词语检索到所需的多媒体资源，系统呈现用户结果列表包括资源描述性主题文字和资源下载链接，满足用户对这类资源的需求。多媒体信息资源的检索建设还处在发展过程中，基于资源内容的检索技术随着多媒体技术的不断发展正逐渐得到解决，本文平台建设也将在今后的建设中逐渐的对这一类资源检索进行更科学的完善，提高平台的服务能力。

资源检索流程如图 3 – 5 所示。

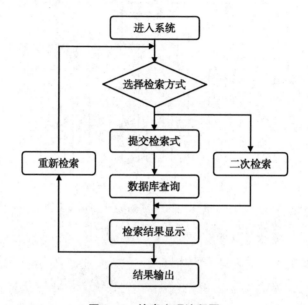

图 3 – 5　检索实现流程图

Fig. 3 – 5　Function flow chart of search system finishing

3.2.2　平台服务资源内容

农业气象信息服务平台的建设是为了给农业生产者、气象工作研究者、农业发展决策者在农业发展过程中提供全方位信息服务而建设的信息服务平台，它与其他信息服务平台相比，要求有更好的实时性和全面性，所以，平台服务资源系统在建设过程中，重点考虑以上两因素。

目前设计的平台服务资源系统包括：信息定制与推送系统、气象信息查询服务系统、虚拟参考咨询系统、信息无线服务系统三个主要功能系统。

3.2.2.1　信息定制与推送系统

（1）系统结构与开发。系统结构选择经典的 B/S（浏览器/服务器）模式，SQL Server 数据库管理系统，采用 ASP + Java 技术语言编写。

（2）系统特点与功能。信息定制服务是网络时代个性化的信息服务的主要方式之一。它能够满足用户个性化信息需求[59]。它运用先进信息技术，通过用户定制，从而为用户提供更为到位的信息服务，提高用户满意度。信息定制服务也是一种培养个性、引导需求的服务，这样可以帮助个体培养个性，从而促进信息服务的适应性、多样性，为用户提供具有针对性的信息资源。工作流程如图 3 - 6 所示。

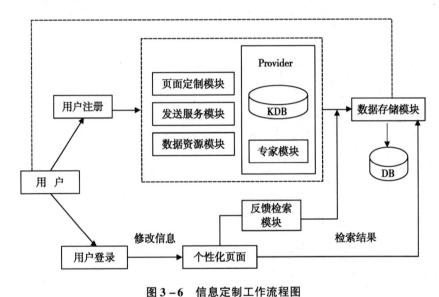

图 3 - 6　信息定制工作流程图

Fig. 3 - 6　Function flow chart of information customization

信息推送服务是基于推送技术发展而出现的一种新型服务。所谓信息推送技术，就是通过软件工具，在 Internet 网上自动搜索用户所需的信息，并将这些信息传送到用户电脑上的技术[60,61]。信息推送技术的出现，为人们展现了 Internet 发展的一个新方向；它是基于对用户兴趣把握的前提下，主动将信息呈现给用户，这样，用户可以及时了解和掌握最新的或更新的信息。工作流程如图 3 - 7 所示。

信息定制与信息推送是相辅相成的连续过程，农业气象信息服务平台用户可以通过信息定制服务系统进行关注资源定制，系统即可以完成自动推送信息结果的服务。定制完成后，用户不必再通过系统检索，只需设定接收信

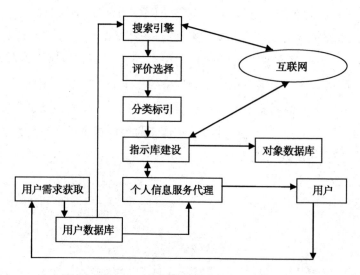

图 3 – 7 信息推送服务工作流程

Fig. 3 – 7 Function flow chart of information pushing

息的邮箱，就可以接收到资源系统内最新的信息内容，为用户关注与跟踪各类型气象信息提供了途径，同时也为用户节省了每次检索所需的时间和精力。信息定制与推送服务是信息服务发展的一个必然趋势。

服务设计详细内容将在本文第 4 部分介绍。

3.2.2.2 气象信息查询服务系统

基于 ArcIMS 的气象信息查询服务系统是平台构建内容中，对地图和气象数据进行组合查询的服务系统，数据内容包括空间信息、地理信息及气象属性信息。

（1）系统结构。综合考虑用户当前的网络环境，同时结合系统共享和并发的控制，系统开发采用 B/S 体系结构，发布系统开发以 ArcIMS 作为地图服务器，以 SQLServer 2000 作为数据库服务器，使用 HTML、JavaScript 网页编程技术，对 ArcIMS 系统进行开发、管理和组织、发布各种农业气象信息。系统体系结构图如图 3 – 8 所示[62,63]。

（2）系统功能。系统利用 ArcIMS 作为地图服务器，以 SQLServer 作为数据库服务器，实现了客户端的农业气象空间和属性数据交互查询和发布实时的农业气象专题图功能，为用户提供更详细、更丰富的农业气象信息

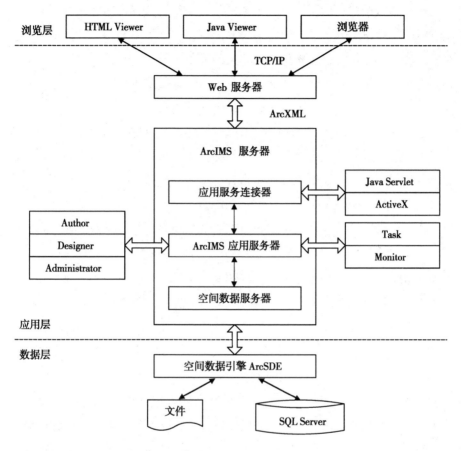

图 3 - 8 基于 ArcIMS 的三层体系结构

Fig. 3 - 8 Architecture of three layers based on ArcIMS

服务。

气象信息查询服务系统在完成过程中，系统角色有三类，一是用户，二是观测站信息员，三是数据管理员。查询系统的实现，数据的把握是很重要的，不同类型的数据要遵循相应的气象数据元数据标准，然后由各信息站点进行后台录入并管理，最后由系统管理员进行数据维护。系统数据来源于不同的观测站点，所以，各站点的通力协作也是系统正常使用的重要因素。气象信息查询服务系统在应用时，用户只需点击鼠标即可在浏览器内实现对信息的查询和相应操作。系统服务功能分为以下几个方面[64~69]。

①地图操作功能。系统具有丰富的操作功能，可以改变图形的大小及方

位，调整窗体布局；增添或删除本地的地理图层；保存当前地理图层、打印图形窗体等操作。系统还可以动态选择图层，用户可以自己选择要显示的图层，选取每层的颜色，地图就会随之动态刷新。

②测距功能。用户通过鼠标在地图上点击设定要查询的两点位置，系统能计算两点直线距离，并可以集合多段直线段的长度和。

③气象信息查看。提供温度、湿度、降水量、风级（向）等要素，以及温度、降水量等值线、等值面的叠加等，用户可分别查看历史数据、实时数据和预报数据，对于历史数据可选择某个时间再进行查看。另外，系统提供自动站数据和温室数据的分类查询功能。

④气象信息统计。系统提供按时间和气象要素的统计分析功能，用户设定统计的起止时间，并选择温度、降水、风力、湿度、温室地温等统计项目中的一项，确定后，系统便显示统计结果，如以地面温度为例，则显示最低温度值、最低温度出现站点、最低温度出现时间、最高温度值、最高温度出现站点、最高温度出现时间等信息。

3.2.2.3 虚拟参考咨询服务系统

平台虚拟参考咨询服务系统是平台建设的核心。虚拟参考服务又称数字参考服务、在线参考服务、电子参考服务等，是一种基于 Internet 的帮助服务机制。平台在建设过程中，充分考虑用户使用习惯，设置了多种咨询方式，包括 FAQ 咨询方式、E - mail 咨询方式、BBS 咨询方式、OICQ/MSN 咨询方式，可视咨询方式，为全方位信息服务发展做好准备[70]。

①FAQ 服务方式：系统管理员将平台及数据库的简要介绍、使用步骤、用户使用过程中易出现的问题在 FAQ 服务项内预先做好准备，用户在使用平台过程中，如果出现使用或认识上的问题，可以首先浏览本服务项，平台使用常见问题在这里都可以找到答案。

E - mail 服务方式：电子邮件是目前人们利用网络进行交流最频繁的方式之一。通过电子邮件交流的用户可以通过网页上的链接，将所要咨询的问题以电子邮件方式发送给专业的咨询人员，咨询人员将答案再通过电子邮件方式返回给用户，这是最简单也是目前最流行的一种网络环境下的信息服务交流形式，通常用于解决较复杂的咨询问题。

②BBS 服务方式：BBS 是 Bulletin Board System 的缩写，中文全称为

"计算机电子公告牌系统"通常被称为"电子布告栏"或"电子公告牌"，作为一个网站论坛使用。在网络技术迅速发展的今天，BBS 成为用户与专家信息交流的主要阵地。任何用户在任何时候都可以在上面提出问题或建议，然后由专家或管理员或资深用户对所提问题做出回应，用户刷新页面或下次登录后，就可以在问题下方直接查看答案，因为它的这种平等性与交互性，BBS 为专家与用户提供了崭新的服务领域和交流平台，使用户在一定程度上摆脱时间与地域的限制，最快的得到问题（需求）的解决。

③OICQ、MSN 服务方式：实时交互技术是能够实时地与用户进行交流的信息咨询服务，OICQ、MSN 服务是实时交互服务中比较常用的两种。通过登录 OICQ 或 MSN，实现咨询专家与用户的直接文字对话，这种服务方式实时性和交互性更强，用户可以直接在对话中得到问题的答案和需求的满足，对提高信息服务质量有很大帮助[71,72]。

④可视语音咨询方式：平台可视语音咨询服务是集视频、音频于一体的全新咨询系统。在宽带网络环境下，咨询专家可以真正的与用户实现"面对面"的交流，直接对用户需求进行指导，实时解决用户在生产研究中的各种疑难问题，对以上几点咨询方式形成更全面的补充。可视咨询是未来信息服务的主要发展趋势[73,74]。

（1）可视语音系统结构与开发。系统选取基于 Java 语言下的 JMF （Java Media Framework，Java 媒体框架）平台来开发 B/S 模式的音视频咨询模块。考虑到虚拟参考实时咨询音视频实时性的需求和特点，采用 RTP （Real-time Transport protocol，实时传输协议）进行音视频的实时传输和控制。RTP 是针对多媒体通信而设计的实时传输协议，它提供了端到端的实时媒体（如交互式音频和视频）传输服务。

（2）系统主要服务方式。系统具有实时音视频通信功能，采用 B/S 结构，分为数据库层、服务应用层、Web 服务器层和 IE 客户端，在不同的网络环境下实现点对点可视化咨询，能进行音频、视频的实时传送和显示。结构如图 3 - 9 所示。

咨询用户通过浏览器端访问 Web 服务器，调用音视频应用服务器的业务逻辑，以实现音视频通信，利用访问数据库服务器实现数据存取。模块的核心（服务应用层）是基于 SUN 公司的 Java Media Framework （JMF）和 Ja-

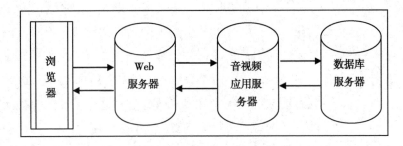

图 3 – 9　系统技术体系结构示意图

Fig. 3 – 9　**Structure chart of the technology system**

va Message Service （JMS） 实现的。用户可通过系统直接与咨询专家进行音视频交流，咨询专家也可通过该模块现场录制一些指导性的音视频内容面向用户播放，还可以在线播放一些录制好的音视频资源，从而更加方便、快捷地解决问题[75,76]。

根据实际需要，系统用户只需要具有声卡、麦克风、耳机和 USB 摄像头的多媒体电脑，声卡、麦克风、耳机用来传送和接收声音，USB 摄像头用来摄取视频图像传送到服务器端。

系统设计详见本文第 5 部分内容。

3.2.2.4　信息无线服务系统

无线网技术是被认为最适合中国农业农村信息化建设的技术解决方案，掌上电脑、手机、个人助理等设备小巧轻便，非常适合农民和技术人员在田间地头应用[77]。

WAP （Wireless Application Protocol） 协议是在数字移动电话、互联网或其他个人数字助理机 （PDA）、计算机应用乃至未来的信息家电之间进行通讯的全球性开放标准[78]。随着 3G 技术与 Internet 技术的发展，WAP 协议技术已经成为移动终端访问无线信息服务的全球主要标准，也是实现移动数据及增值业务的技术基础。WAP 能够运行于各种无线网络之上，如 GSM、GPRS、CDMA 等。通过 WAP 这种技术，就可以将 Internet 的大量信息及各种各样的业务引入到移动电话、PALM 等无线终端之中。无论你在何地、何时只要你需要信息，你就可以打开你的 WAP 手机，享受无穷无尽的网上信息或者网上资源。WAP 技术图解如图 3 – 10 所示[79]。

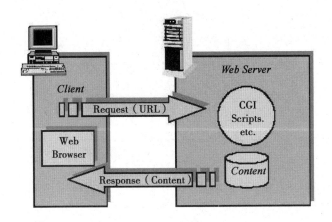

图 3 – 10　WAP 系统构架图

Fig. 3 – 10　Structure chart of the system based on WAP

（1）系统主要功能。实用技术查询和事务咨询功能。用户可以通过 PALM 进行农业气象信息实时查询、动态时事信息浏览，可以进行表单、邮件方式咨询，同时，可以接收咨询回复和系统自动消息通知[80]。

（2）WAP 体系组成。安装有微浏览器的无线终端设备（PDA、手机等），能够对 WAP 网页进行显示、解释、执行；设置 WAP 网关（WAP Gateway），完成 HTTP 协议向无线 Internet 传输协议（WSP/WTP）的转换，并对无线 Internet 内容进行压缩和编译；Web 服务器与一般的 Internet 站点的区别仅仅是在网页编写上采取的语言有所不同，它采用 WML（WAP 标记语言）语言缩写[81]。

3.2.3　平台衍生资源内容

3.2.3.1　基于掌上电脑的"气象信息咨询服务系统"的开发

掌上电脑，又称为 PDA，是一种辅助个人工作的数字工具，掌上电脑作为一种小巧的便携式数字设备，具有携带方便、功能强大等优点，本研究开发的基于掌上电脑操作系统的咨询服务系统，功能完善、操作简单，特别适合农技人员在田间地头进行现场咨询[77]。"气象信息咨询服务系统"的信息主要来源于平台资源内容，根据掌上电脑的显示及布局特点，重新进行了资源整理和加工，使其更利于用户使用和操作。

3.2.3.2 农业气象信息光盘产品

光盘内容采用 Web 页面形式，简单、方便、易用并且集成声音、图像等多媒体素材，方便用户的使用。光盘的首页采用框架式网页结构，在左框架中采用分层次的项目列表形式，可方便地进行查询使用，在右框架中加上了网页过渡效果，使得网页有了一定的动态效果，增加了网页界面的视觉效果。在编辑网页内容时，采用了表格形式来控制版面，可在不同的分辨率下都保持相同的效果[104]。"农业气象信息系列光盘"包括"气象基础知识""政策法规简编""气象数据汇总"等，光盘内容也是根据平台的基本信息资源重新整理编排而成的。

3.3　平台系统配置

农业气象信息服务平台是一个集网络、软硬件及资源数据库于一体的大型信息系统工程项目，必须整体考虑系统的硬件、软件配置和数据资源配置，优化资源利用，以提高平台的应用价值。

3.3.1　系统配置基本原则

系统安全可靠：由于资源整合对系统的要求较高，为了防止由于主要设备出现故障而导致整个系统处于长时间的停机状态，必须考虑对主要设备作设备冗余，以使系统在极短时间内恢复正常运行。

系统管理方便：系统要求有良好的可管理性，降低系统维护的成本。

可扩展性：系统配置要运用成熟的技术工艺，使系统在未来发展过程中拥有较好的扩展性，便于系统升级等工作的进行。

3.3.2　系统配置内容设计

系统配置包括：硬件及网络配置、系统软件配置、数据资源配置。各分项配置描述如下。

（1）硬件及网络配置。服务平台需要一个稳定而安全的运行环境，而网络及硬件设备是保障系统安全和稳定运行的基础。为保障系统安全稳定运行，硬件设备配置如下：

Web 服务器 4 台，用于建立门户网站，并处理用户对各类资源的访问活动。

应用服务器 1 台，用于系统应用软件及对用户提供服务。

咨询服务器 1 台，主要用于音视频咨询服务的数据交换。

WAP 服务器 1 台，主要用于无线网络服务。

短信服务器 1 台，主要用于短信无线服务。

防火墙，置于系统的前端，保障整个系统的安全。

UPS 电源，保障在异常断电的情况下，维护人员有足够的处理时间，防止数据丢失和系统功能损坏。。

存储设备，用于存储平台数据库内信息资源。

（2）系统软件配置。本平台中，服务器操作系统均采用 Windows Server 2003，从基本上保证系统的性能和安全。数据库管理系统方面将主要集成 SQL Server 数据库和全文检索专用数据库，在服务器上增加防火墙软件和防病毒软件，保障系统的安全性，防止来自公网的非法访问和病毒传染。

（3）数据资源配置。该平台的资源建设将主要通过自建和引进两种方式，建成文献资源检索数据库、图片信息检索数据库、数据信息检索数据库、多媒体数据库。自建数据资源通过系统加工服务器，然后发布到资源管理服务器。引进的数据资源通过异构数据库整合技术、元数据转换技术与自建资源整合，为用户提供一站式检索服务。另外系统对数据库进行备份，保证数据资源的完整可用。

3.4　平台安全保障

网络安全就是指网络上的信息安全，是使网络系统的硬件、软件及其系统中的数据受到保护，不因偶然的或恶意的原因而遭到破坏、更改、泄密，系统连续可靠正常地运行，网络服务不中断。农业气象信息服务平台搭建成功后，有效地保证系统和数据的安全是至关重要的，它关系到整个平台的有效运行。

随着 Internet 技术和网络安全技术的不断发展，网络安全保护技术也不断的提高，针对目前的网络安全防护技术，平台从物理安全、网络安全和信息安全三个方面对平台安全进行维护[82~85]。

3.4.1　物理安全

　　物理安全是指在物质介质层次上对系统所处物理环境、所应用的硬件设备、数据传输链路、数据存储介质等进行安全防护，也就是保护计算机网络设备免遭自然事故以及人为操作失误或错误及各种计算机犯罪行为导致的破坏过程。正常的防范措施主要有以下几个方面。

　　（1）保证系统场所安全，防火防盗。网络中心地域要有专门的门禁和防盗系统，非专业工作人员禁止入内。在网络中心附近及室内应安装必要的闭录设施，由专人监管，24 小时值班，防止非工作时间发生意外。另外，机房外面的网络设置也要采取防护措施，必要时设置专门管理人员，防止设备被盗和破坏。网络中心场所在选择时，室内材料要选择使用防火材料的空间，选择地点要避开易燃易爆地区，避开潮湿地域及可能受潮的位置，机房要配有专门的灭火装置和报警装置，固定位置要安装应急照明设备。保证网络设备在安全的场所运行。（参见国家标准 GB 50173—93《电子计算机机房设计规范》、国标 GB 2887—89《计算站场地技术条件》、GB 9361—88《计算站场地安全要求》的要求)。

　　（2）保证电源与接地安全。电源正常是网络设备正常工作的基本条件，因此，机房内电源的设备必须要设置一定的保护装置应对突发的停电、电压不稳等情况。建设：一是对机房须提供双路供电，并分别接入重要设备的两路电源上；二是在机房配备不间断电源系统，保证系统正常工作的电力供应。另外，还要考虑防止线路截获、电磁信息辐射泄漏、设备的防盗和防毁、电源保护及抗电磁干扰等方面，使安全保障更全面[83,86]。

3.4.2　网络安全

3.4.2.1　防火墙技术

　　防火墙是 Internet 上针对网络不安全因素所采取的一种保护计算机网络安全的技术性措施。顾名思义，防火墙就是用来阻挡外部不安全因素影响的内部网络屏障，其目的就是防止外部网络用户未经授权的访问。它是一种计算机硬件和软件的结合，使 Internet 与 Intranet 之间建立起一个安全网关，从而保护内部网免受非法用户的侵入。

防火墙主要由服务访问政策、验证工具、包过滤和应用网关四个部分组成，它本身具有很高的抗攻击能力。防火墙的目的就是在网络连接之间建立一个安全控制点，通过设置一定的筛选机制来决定允许或拒绝数据包通过，实现对进入网络内部的服务和访问的审计和控制。首先，防火墙能极大地提高一个内部网络的安全性，并通过过滤不安全的服务而降低风险。通过以防火墙为中心的安全方案配置，能将所有安全软件配置在防火墙上。其次，防火墙可以对网络存取和访问进行监控审计[87]。防火墙对所有访问动作都能做出日志记录，同时也能提供网络使用情况的统计数据。当发生可疑动作时，防火墙能进行适当的报警，并提供网络是否受到监测和攻击的详细信息，再次，防止内部信息的外泄。利用防火墙对内部网络的划分，可实现内部网重点网段的隔离，从而降低了局部重点或敏感网络安全问题对全局网络造成的影响。最后，防火墙提供的安全服务，还能有效地防止黑客攻击，防止有人对系统的蓄意破坏，确保系统安全。防火墙的具体功能概括如下[88]。

（1）网络安全的屏障。一个防火墙（作为阻塞点、控制点）能极大地提高一个内部网络的安全性，并通过过滤不安全的服务而降低风险。由于只有经过精心选择的应用协议才能通过防火墙，所以网络环境变得更安全。如防火墙可以禁止诸如众所周知的不安全的 NFS 协议进出受保护网络，这样外部的攻击者就不可能利用这些脆弱的协议来攻击内部网络。防火墙同时可以保护网络免受基于路由的攻击，如 IP 选项中的源路由攻击和 ICMP 重定向中的重定向路径。防火墙应该可以拒绝所有以上类型攻击的报文并通知防火墙管理员。

（2）强化网络安全策略。通过以防火墙为中心的安全方案配置，能将所有安全软件（如口令、加密、身份认证、审计等）配置在防火墙上。与将网络安全问题分散到各个主机上相比，防火墙的集中安全管理更经济。例如在网络访问时，一次一密口令系统和其他的身份认证系统完全可以不必分散在各个主机上，而集中在防火墙一身上。

（3）监控审计。如果所有的访问都经过防火墙，那么，防火墙就能记录下这些访问并做出日志记录，同时也能提供网络使用情况的统计数据。当发生可疑动作时，防火墙能进行适当的报警，并提供网络是否受到监测和攻击的详细信息。另外，收集一个网络的使用和误用情况也是非常重要的。首先的理由是可以清楚防火墙是否能够抵挡攻击者的探测和攻击，并且清楚防火墙的控制是否充足。而网络使用统计对网络需求分析和威胁分析等而言也是非常重要的。

（4）防止内部信息的外泄。通过利用防火墙对内部网络的划分，可实现内部网重点网段的隔离，从而限制了局部重点或敏感网络安全问题对全局网络造成的影响。再者，隐私是内部网络非常关心的问题，一个内部网络中不引人注意的细节可能包含了有关安全的线索而引起外部攻击者的兴趣，甚至因此而暴露了内部网络的某些安全漏洞。使用防火墙就可以隐蔽那些透漏内部细节如 Finger，DNS 等服务。Finger 显示了主机的所有用户的注册名、真名，最后登录时间和使用 shell 类型等。但是 Finger 显示的信息非常容易被攻击者所获悉。攻击者可以知道一个系统使用的频繁程度，这个系统是否有用户正在连线上网，这个系统是否在被攻击时引起注意等等。防火墙可以同样阻塞有关内部网络中的 DNS 信息，这样一台主机的域名和 IP 地址就不会被外界所了解。除了安全作用，防火墙还支持具有 Internet 服务特性的企业内部网络技术体系 VPN（虚拟专用网）。

现在的防火墙逐渐集成了信息安全技术中的最新研究成果，还具有加密、解密和压缩、解压等功能，这些技术增加了信息在互联网上的安全性，现在，防火墙技术的研究已成为网络信息安全技术的主导研究方向。

3.4.2.2　防病毒入侵

计算机病毒是一种小程序，具有隐蔽性强、复制能力快、潜伏时间长、传染性快、破坏能力大、针对性强等特点，会将自己的病毒码依附在其他程序上，通过其他程序的执行，破坏整个系统。病毒一旦发作，损失将是无法估量的，所以，对于平台网络来说，第一，要安装高级别的防病毒软件，对计算机实施全方位的保护；第二，要对光盘、U 盘等移动存储介质中的内容进行防毒检查，杜绝病毒的交叉感染；第三，要对从网络上下载的文件资料或邮件进行病毒查杀；第四，要求管理人员定期进行病毒库升级，定期对计算机病毒进行查杀。此外，还要为系统安装补丁程序，并遵循正确的配置过程，从全方位防止病毒入侵[89]。

3.4.3 信息安全

3.4.3.1 系统备份

系统备份时，可以采用传统的双机热备份系统。这种备份系统采用磁盘阵列作为两台主机的共用存储设备。通过这种方式，可以对磁盘阵列进行管理，也可以同时对受保护的服务器进行监控和管理。如若其中一台服务器由于不明原因（例如硬件或者软件原因，调查显示 70% 的故障来自软件错误）发生故障失效，另外一台服务器在保证提供自身原有服务的同时，可以启动已经失效服务器的应用程序，从而取代已经失效的服务器的功能。另外一种方式就是软件双机热备份系统。它是两台服务器通过网络连接，在硬件配置里少了磁盘阵列，在软件配置里，在 NT Cluster 的基础上新增加了 NT Mirror，形成一种镜像备份，从而使一台服务器代替失效的服务器提供各种服务。

3.4.3.2 数据备份

数据是无形的资产，所以备份非常重要。在计算机应用十分普及的今天，数据备份的重要性已深入人心。关于数据备份，根据数据类型，系统可在多个层次上实现数据安全备份的功能。首先，在数据集群系统中，每份数据应至少被保存在 2 个结点上，通过数据冗余来保证系统能够随时取到数据。其次，对于大规模的原始数据可通过磁盘阵列镜像备份，保证这些数据一份用于实际系统的运行，另一份用于离线备份；第三，对于重要数据和中间结果，例如：监管对象，案件信息，处理意见等，系统须采用定期备份和不定期备份机制，将数据备份至磁带和光盘中。定期备份是指按照既定的数据备份计划和周期，将所有重要数据备份到外存储设备中，不定期备份是指系统每处理完一个案件或者完成一项大的监管任务，工作人员将产生的数据备份记录到光盘或磁带中[90]。

4　气象专题文献检索系统的设计

4.1　系统简介

　　文献信息检索系统是农业气象信息服务平台建设的重要功能系统之一。系统是基于农业气象学科的整合关于农业气象信息的各种文献类型的综合文献服务系统，通过本系统，用户可以进行气象期刊论文、会议论文、学位论文等资源的统一检索。设立本系统旨在帮助气象研究工作者快速全面的了解气象科学研究现状，解决在自身研究过程中遇到的理论与实践的各种困难，高效地完成学术资源的索取，支持科学研究的顺利进行；同时也能为决策者制定发展规划提供科学的参考材料，促进农业气象学科和农业现代化的快速发展。

　　系统在设计上，采用经典的 B/S（浏览器/服务器）体系结构，SQLServer 数据库管理系统，ASP 环境语言开发而成。

4.2　专题文献检索系统查询功能设计

4.2.1　系统建设技术介绍

　　根据用户使用习惯，系统结构选择经典的 B/S（浏览器/服务器）模式，设计了客户浏览器、WWW 服务器、数据库服务器三层的体系结构框架。系统开发也从用户角度出发，选择关系型数据库，采用 ASP 技术语言编写，通过 ADO（Active Data Object）存取数据库。文献检索系统建设技术同平台开发系统技术，技术背景不再赘述。

4.2.2　Web 数据库开发与集成的关键技术

要实现 Web 数据库系统，就必须确保数据库与 Web 服务器之间能够相互交换数据和保持信息的通路，这样才能使前台不断获取最新的信息并通过页面向数据库输入数据。在 Web 数据库系统中与数据库的连接主要有两种方式：ODBC 开放数据库连接和直接数据库连接，结构如图 4 - 1 所示。

通过 ODBC（Open Database Connectivity，开放数据库互连），我们能够将 Web 服务器和各种数据库服务器相连，它为异质数据库的访问提供了一个统一的接口，使得应用程序能够按照相同的方式访问各种不同结构的数据库。

ODBC 基于 SQL（Structured Query Language），并把它作为访问数据库的标准。这个接口提供了最大限度的相互可操作性：一个应用程序可以通过一组通用的代码访问不同的数据库管理系统。一个软件开发者开发的客户/服务器应用程序不会被束缚于某个特定的数据库之上。ODBC 可以为不同的数据库提供相应的驱动程序。因此，在 Web 数据库系统中使用 ODBC 接口的优势就是前台动态网页程序有很好的数据库兼容性，即使升级和更换数据库系统也不需要修改程序。

ODBC 的灵活性表现在以下几个方面[91]：

·应用程序不会受制于某种专用的 API；

·SQL 语句以源代码的方式直接嵌入在应用程序中；

·应用程序可以以自己的格式接收和发送数据；

·ODBC 的设计完全和 ISO Call - Level Interface 兼容。

当前的 ODBC 数据库驱动程序支持 55 家公司的数据库产品。

要使 Web 系统能够使用数据库，必须在 ODBC 管理器中进行适当的设置，建立起数据库与 Web 系统的连接。在利用 ODBC 建立数据库连接的 Web 系统中，Web 系统是通过 DSN 数据源名来识别和连接数据库的。ODBC 数据源分为以下三类：

·用户数据源。只有创建数据源的用户才可以使用他们自己创建的数据源，其他用户不能使用别人的数据源。在 Windows NT 下以服务方式运行的

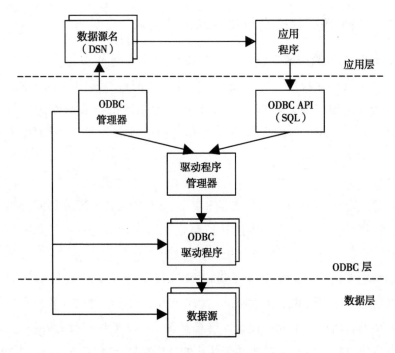

图 4 – 1   ODBC 系统结构

Fig. 4 – 1   ODBC system structure

应用程序也不能使用用户数据源。

·系统数据源。所有用户和 Windows NT 下以服务方式运行的应用程序均可使用系统数据库源。

·文件数据源。所有安装了相同数据库驱动程序的用户均可以共享文件数据源。文件数据源没有存储在操作系统的登入表数据库中，它们被存储在客户端的一个文件中。所以，使用文件数据源有利于 ODBC 数据库应用程序的分发。

在 Web 数据库系统中，我们使用系统数据库方式，这样 WWW 服务器才能访问到数据库系统。安装完 ODBC 驱动程序并且在 ODBC 管理器中添加新的数据源后，我们就可以在 Web 系统的开发过程中，在程序中直接使用该数据源实现与数据库系统的连接和访问[92]。

4.2.3   Web 与数据库集成的 ASP 技术

当用户申请一个 * . asp 主页时，Web 服务器响应该 HTTP 请求，调用

ASP 引擎，解释被申请文件。当遇到任何与 ActiveX Scripting 兼容的脚本（如 VBScript 和 JScript）时，ASP 引擎会调用相应的脚本引擎进行处理。若脚本指令中含有访问数据库的请求，就通过 ODBC 与后台数据库相连，由数据库访问组件执行访库操作。ASP 脚本是在服务器端解释执行的，它依据访库的结果集自动生成符合 HTML 语言的主页，去响应用户的请求。所有相关的发布工作由 Web 服务器负责。

有必要注意访库的具体运作细节。当遇到访库的脚本命令时，ASP通过 ActiveX 组件 ADO（ActiveX Data Objects）与数据库对话。ADO 是建立在微软新的数据库 API，即 OLE DB 之上的，目前的 OLE DB 通过ODBC 引擎与现存的 ODBC 数据库交互，进一步的 OLE DB 版本将直接与数据库打交道，不再通过 ODBC 引擎，并将执行结果动态生成一个HTML 页面来返回服务器端，以响应浏览器的请求[93]。在用户端浏览器所见到的是纯 HTML 表现的画面，例如用表格来表现的后台数据库表中的字段内容。由于 ASP 结合了脚本语言，可以通过编程访问 ActiveX 组件，并且具有现场自动生成 HTML 的能力，所以它成为建立动态 Web 站点的有效工具。

ASP 访问数据库步骤：

在 ASP 中，使用 ADO 组件访问后台数据库，可通过以下步骤进行。

（1）定义数据源。在 WEB 服务器上打开"控制面板"，选中"OD-BC"，在"系统 DSN"下选"添加"，选定你希望的数据库种类、名称、位置等。本文定义"SQL SERVER"，数据源为"HT"，数据库名称为"HT-DATA"，脚本语言采用 Jscript。

（2）使用 ADO 组件查询 WEB 数据库。

①调用 Server. CreateObject 方法取得"ADODB. Connection"的实例，再使用 Open 方法打开数据库：

conn = Server. CreateObject（"ADODB. Connection"）

conn. Open（"HT"）

②指定要执行的 SQL 命令。连接数据库后，可对数据库操作，如查询、修改、删除等，这些都是通过 SQL 指令来完成的，如要在数据表 signaltab中查询代码中含有"X"的记录。

sqlStr ＝ "select ＊ from signaltab where code like '％X％'"

rs ＝ conn. Execute（sqlStr）

③使用 RecordSet 属性和方法，并显示结果。为了更精确地跟踪数据，要用 RecordSet 组件创建包含数据的游标，游标就是储存在内存中的数据。

rs ＝ Server. CreateObject（"ADODB. RecordSet"）

rs. Open（sqlStr，conn，1，A）

4.2.4 专题文献数据库查询系统各业务模块设计

数据库查询系统业务模块如图 4-2 所示，功能介绍如下。

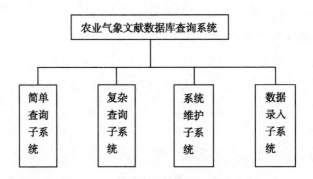

图 4-2 专题文献数据库查询系统总体模块

Fig. 4-2 The database retrieval system

4.2.4.1 简单查询

功能：根据用户的需要，通过字段检索，按照选定的分类，检索出相关文献。

字段：设置了文献的题名、作者、关键词、期刊名、机构、出版年卷期、摘要、正文查询。其中文献的篇名指期刊中的文章的题名；关键字是由作者或者专业标引人员给出的可以标识文献的主要词汇；期刊名指文献的来源；机构指撰写本论文的作者所在单位；出版年卷期指期刊出版的年份、卷数、期号。

检索词：按照所选择的字段，输入需要检索的词。此内容的查询采用模糊匹配技术，输出后台数据库中与查询条件符合的所有记录。

检索：按用户所输入的字段进行检索，并且按系统设定的格式输出文献。

重填：全部重写。将检索词输入框中的文字清除，重新输入。

4.2.4.2　高级查询

功能：根据提供的分类及多字段之间的逻辑与和逻辑或实现复杂查询功能。

字段：共提供了四组逻辑"与"及逻辑"或"来实现复杂逻辑检索。其中字段的设置与简单检索中完全相同，不同的是，增加了三个逻辑"与"及逻辑"或"的限定，其中逻辑"与"是检索两个检索限定中的交集部分，此功能提高了检索的查准率，而逻辑"或"则是检索两个检索限定中的并集部分，它将提高检索的查全率。它是面向经常使用检索系统，而且对课题分析比较透彻，有能力作逻辑分析的高级用户。尤其对于身在第一线的检索专业人员来讲，这项功能尤其重要。达到了检索中要求的查全率及查准率的要求。

在此我们会提供模糊查询的功能，即只要确定检索入口和需检索的关键词中的任何一个字符，在数据库中指定字段内的包含该字符的所有记录都可被检索出来。

4.2.4.3　二次检索

无论在简单检索还是在复杂检索中，第一次检索之后的检索结果显示页面中我们提供基于单关键字查询的二次检索功能，使得使用者可以在模糊查询的结果中很快查找到所需要的纪录，而无须另一次的复杂查询，大大简便了使用者对数据查询的复杂程度。

功能：即在上次检索的结果的基础上再做第二次的检索。其情形有点像逻辑"与"，但比逻辑"与"的实现要简单一些，它比较适合大多数用户的检索习惯，尤其对于不常进行检索的普通用户来说，更容易上手，而且可以缩小检索的命中结果，切中课题本身，提高检索的查准率。

4.2.4.4　模糊查询

所谓模糊查询是指只要用户在确定检索入口后，输入要检索的关键词中的任何一个字符，在数据库指定字段中包含该字符的所有记录就都可被检索出来。例如：要检索出题名字段中包括"单倍体"二字，然后按"检索"按钮，那么在数据库中所有纪录的题名中含有"单倍体"的记录都可以在检索结果页中被显示出来。

4.2.4.5 分类信息模块

实现功能：通过此项可以实现信息资源类型的分类。

添加：可以在当前的分类中添加新的分类选项。

删除：可以将分类选项中分类不合适的删除。

保存：保存对分类所做的修改，保存后的分类选项将在录入时的下拉菜单中体现。

4.2.4.6 管理员系统

管理员系统是一个专为系统管理员设计的拥有特殊权限的窗口，对数据录入和用户进行统一管理，这样，可以使系统的安全性得到一定的保证，避免因为过失操作造成数据的丢失。管理员负责对用户进行角色分配和日常管理。系统管理员通过这个窗口也可以直接对后台数据库进行添加、修改和删除等操作，而无需登录后台数据库，在进行小批量数据维护时特别方便。由于网络的公开性及数据库的安全问题，我们采用用户身份认证的方法，以确保后台数据库的安全性。

录入系统是针对数据一次性的录入操作，此操作直接针对后台数据库，由系统管理员在登录服务器上操作，因此我们选用 PB 作为前台开发工具，实现程序对数据库的添加、修改、删除等维护的操作。

4.2.5 专题文献数据库功能结构

农业气象专题文献数据在功能结构上整合了目前检索系统建设的全部功能，使系统更具实用性，同时，为用户检索提供最多途径，实现高效检索的目的。数据库功能结构如表 4 - 1 所示，各功能实现数据流如图 4 - 3 至图 4 - 6 所示。

表 4 − 1　专题文献数据库功能结构表

Tab. 4 − 1　Function structure of special document database

专题文献数据库	简单检索	单一检索字段查询	按篇名查询
			按作者查询
			按关键字查询
			按机构查询
			按期刊名查询
			按年卷期查询
			按正文查询
			按摘要查询
		二次检索	按上述 8 个字段查询
	高级检索	复杂逻辑组合查询	第一组与第二组逻辑与
			第一组与第二组逻辑或
			第一组或（与）第二组或（与）第三组
			第一组或（与）第二组或（与）第三组或（与）第四组
		二次检索	按关键字查询
			按篇名查询
			按作者查询
			按机构查询
			按期刊名查询
			按年卷期查询
			按正文查询
			按摘要查询
	检索结果显示	记录数统计	
		检索结果总页码数统计	
		当前页记录范围统计	
		上一页结果显示	
		下一页结果显示	
	系统维护	登录管理	按账号密码登录
		数据维护	记录添加
			记录删除
	录入系统	登录管理	按账号密码登录
		数据维护	添加记录
			删除记录
			数据统计
			保存数据
		分类信息维护	添加分类
			删除分类
		检索查询	按单一字段查询
			按复杂逻辑组合查询

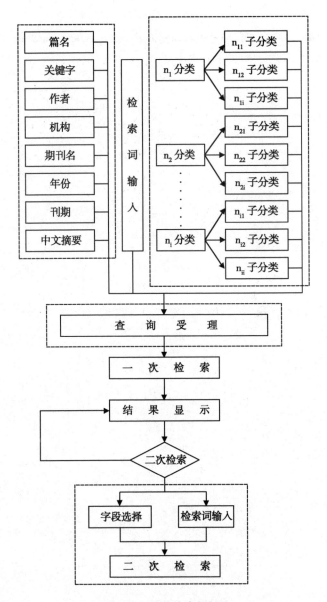

图 4 – 3　简单检索数据流

Fig. 4 – 3　Data flow chart of simple retrieval

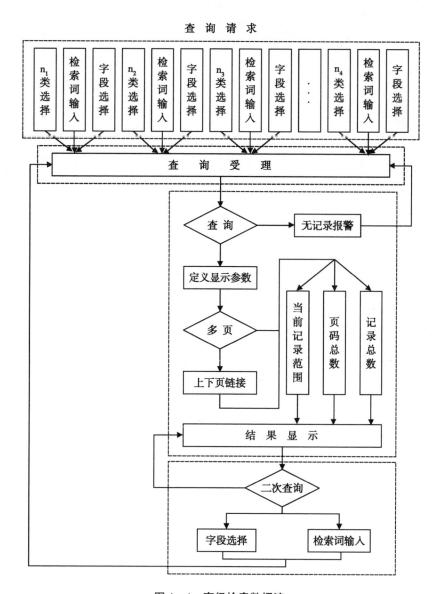

图 4 - 4　高级检索数据流

Fig. 4 - 4　Data flow chart of senior retrieval

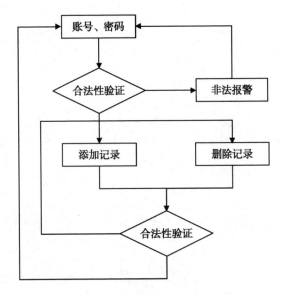

图 4 – 5　管理员维护系统数据流

Fig. 4 – 5　Data flow chart of administer management system

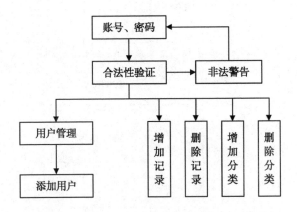

图 4 – 6　录入系统数据流

Fig. 4 – 6　Data flow chart of input system

4.2.6　文献查询功能实现过程

该系统的查询过程主要分为三步：浏览器端检索词的输入；服务器端检索语句执行；浏览器端检索结果的输出。以简单查询为例：

浏览器端检索词的输入：在浏览器端，用户通过该页面进行检索词的输入，用户可通过检索途径中的下拉框选择检索字段，输入检索词，还可以在文献类型分类中选择所需文献类型，然后按"检索"按钮，进行表单的提交，在服务器端激活相应的 ASP 应用程序。

服务器端检索程序的执行：用户输入检索词后，Submit 按钮提交到服务器端的检索程序中，在服务器端，本系统采用 Vbscript 编写 ASP 应用程序，主要实现数据库的检索功能。它包括以下几部分：定义变量、建立数据库连接、打开数据库、构建 SQL 检索语句，将检索的结果保存到记录集中。具体为将 Form 表单输入的各项内容提交 Web 服务器后，系统根据用户选择的检索方式，输入相应的检索语句，对数据库进行检索，并将检索纪录的结果保存到记录集之中。

浏览器端输出检索结果（结果在 HTML 上以表格的形式输出）：根据用户选择的检索字段输入的检索词，服务器端的检索程序运行后，将检索到的数据，存储到记录集中，对于返回的检索结果较多的信息，采用了分页显示的方式，每页为 10 条或 20 条，按"上一页""下一页"按钮进行翻页选择，并显示出当前页在总页数中的位置。显示格式遵循 HTML 格式。

4.3 专题文献系统个性化服务设计

进入 21 世纪，随着社会的信息化、知识经济的日益发展，信息技术的进步与信息环境的优化，图书馆用户及其知识信息需求结构发生了前所未有的巨大变化，这些变化最终导致了图书馆信息服务方式的彻底变革，使现代图书馆的知识信息服务内容、模式与运行机制都发生了质的改变。个性化信息服务成为适应这种变化的最适宜的服务方式。

个性化服务是一种有针对性的服务方式，根据用户的设定来实现，依据各种渠道对资源进行收集、整理和分类，向用户提供和推荐相关信息，以满足用户的需求[94]。从整体上说，个性化服务打破了传统的被动服务模式，能够充分利用各种资源优势，主动开展以满足用户个性化需求为目的的全方位服务。

在农业气象文献检索系统内，个性化信息服务得到的应用的扩展，具体表现为用户信息定制和系统信息推送两个部分。

4.3.1　信息定制功能的设计

个性化信息定制服务流程如图4-7所示。

·用户首先在系统中注册，注册时登记个人信息，并可以进行相应内容定制。

·系统将用户定制内容生成用户档案，存入用户信息库；如果用户没有进行内容定制，系统将跟踪用户行为，并将有关信息存入用户信息库。

·系统根据用户信息库进行信息处理，提供用户需要的个性化的网页等个人信息。

·用户可以对获得的信息进行评价，系统再对反馈信息进行分析，调整用户信息库内容。

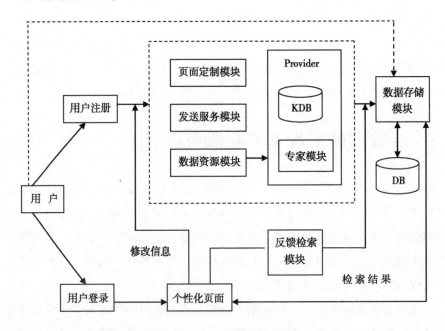

图4-7　信息定制体系结构

Fig. 4-7　Structure chart of information customization

本系统的主要功能是用户根据自己的研究方向、信息需求对系统提出检索服务请求，由系统的专家服务模块对用户的请求进行智能检索处理，并对数字资源和其他内容进行筛选、整理。用户完成设置后，动态建立个性化页面，显示定制内容^[95]。结构如图 4 - 7 所示。

主要模块功能：

（1）用户注册模块。用户首次进入系统页面时，系统提示注册登录，注册完毕，进入定制内容的页面。定制完成后，将直接登录进入用户个人页面。

（2）页面定制模块。该模块主要是信息内容、检索结果显示形式、接收地址等的定制。用户可以根据自身文献需求，选择所需内容，然后提交给服务器，服务器将在数据库里保存用户定制信息。下次用户登录后，就可以直接看到已定制过的内容。

（3）数据模块。信息资源越来越多，各类型数据库也随之增多，对用户来说，从一个常用数据库可以关联到有所需内容的其他数据库是非常重要的，数据模块正好可以实现这一功能，它会提供与用户需求相关的数据库名称，方便用户以后使用。

（4）专家服务模块。主要用来解读用户定制信息内容，当用户想调用定制服务内容时，即可得到响应。通过专家系统用户需求可以得到有效的判断，使定制更好地为用户服务。

（5）发送服务模块。用户定制的服务内容由系统保存到数据库，然后按用户指定地址发送信息结果。

（6）反馈检索模块。用户可以将开始检索得到的结果内的一条相关性强的信息反应给系统，系统就会根据此条信息内容重新对检索策略进行判断，然后生成新的检索结果，以提高检索效果的满意度。

（7）数据存储模块。此模块是用来保存用户信息和定制信息的模块。用户通过登录可以对定制内容进行编辑、删除等操作。

在本系统中采用 JavaBeans 来访问数据库，每个模块将数据信息传递给 JavaBeans，然后由 JavaBeans 完成数据的存储。

4.3.2　信息推送功能的设计

信息推送技术的问世，为用户从因特网上高效地获取信息提供了可能，这也是受到人们普遍关注的原因。现在，许多网站或信息服务商都利用这种技术为用户提供主动信息服务。

主动性是"推送（Push）"模式网络信息服务的最基本特征之一[96]。推送技术的核心就是服务方不需要用户方的及时请求而主动地将数据传送到用户方。用户只需设定连接时间和定制信息推送的内容，Push 服务器就会按订单制定传送的内容和传送参数为用户发送相关信息。从用户角度看，内容定制使得用户可要求 Push 服务器有选择地推送其感兴趣的信息；从信息服务系统的角度看，则可依用户订单将信息分类推送，以适合不同用户的不同需求。

推送服务大致可分为以下几步：

用户需求信息的获取；

用户特征数据库的建设；

库内信息的查询、收集、评价与筛选和加工、指引库建设；

在指引库中检索用户所需信息。

将信息传送给用户，流程如图4－8所示。

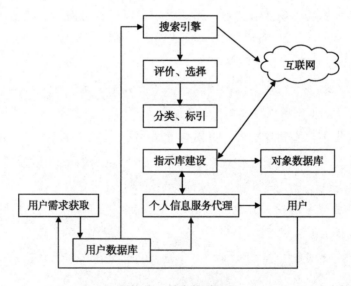

图4－8　信息推送流程

Fig. 4 –8　Flow chart of information pull technology

系统在进行信息推送时，服务器依靠用户定制预留邮箱地址来进行自动发送，之后用户登录邮箱即可得到所定制信息的内容。实现语句如下：

信息检索是一个连续过程，尤其在课题资料检查时，要求资料的跟踪获取，但由于国内几乎所有数据库内并不提供这一跟踪检索服务，所以，用户不得不再抽出时间，重新进行过去检索请求的新一轮检索，浪费了不少时间。针对这一现状，本系统开发的信息定制与推送正好可以解决这一问题。

信息定制与信息推送是相辅相成的连续过程，是信息服务发展的一个必然趋势。在本系统中，为了方便检索者后续的研究工作，特增加了此个性服务类型。

4.4　资源扩展

平台内容建设中，图片资源检索数据库、多媒体资源检索数据库在开发与设计上，遵循相应资源元数据标准，均可采用同文献检索数据库相同之思路。

5 气象信息可视化咨询系统的设计

5.1 系统介绍

实时可视化咨询系统是以 Internet 为平台构建的一个虚拟咨询服务系统，它集视频会议功能和网络专家系统功能于一体，是农业气象咨询服务系统的主要技术，它突破了传统参考咨询服务所受到的时空、系统、资源的限制，利用先进的网络技术与多媒体技术，在咨询专家和信息用户之间建立"面对面"交互平台，实时的解决农业生产与研究中遇到的关于农业气象信息的问题，为用户提供了一个全面和无缝的信息服务环境。

可视化咨询服务系统选取基于 Java 语言下的 JMF（Java Media Framework，Java 媒体框架）平台来开发 B/S（浏览器/服务器）模式的音视频咨询模块，分为数据库层、服务应用层、Web 服务器层和 IE 客户端，如图 5 – 1所示。考虑到虚拟参考实时咨询音视频实时性的需求和特点，采用 RTP（Real-time Transport protocol，实时传输协议）进行音视频的实时传输和控

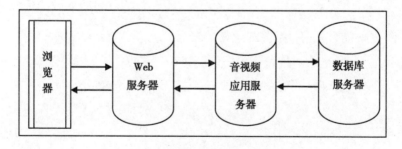

图 5 – 1 模块技术体系结构示意图

Fig. 5 – 1 Structure chart of the technology system

制。本章将详细介绍音视频模块的设计方案。

系统设计的思想是要使农业气象信息可视化咨询服务系统具有开放性、可扩展性、灵活性、通用性。在 JMF 框架下设计的体系结构可以满足在不同的网络情况下具有较好的可视咨询效果。

系统结构的设计特点是采用了模块化设计，便于维护，具有可扩展性。

5.2　系统实现的关键技术

5.2.1　RTP 技术

实时传送协议（Real – time Transport Protocol 或简写 RTP，也可以写成 RTTP）是一个网络传输协议，它是由 IETF 的多媒体传输工作小组 1996 年在 RFC1889 中公布的。RTP（Real – time Transport protocol 实时传输协议）是针对多媒体通信而设计的实时传输协议，它提供端到端的实时媒体（如交互式音频和视频）传输服务，这些服务包括负荷类型标识、序列编号、时间戳和传输监控等[97]。实际上，RTP 本身并不具有独立传输数据的能力，它必须和底层的网络协议结合起来才能完成数据传输服务。对于 IP 网络应用，它通常要和 UDP 协议一起使用，也可以运行在面向连接的协议（TCP）上。RTP 可以看成是传输层的子层。由多媒体应用程序生成的声音和电视数据块被封装在 RTP 信息包中，每个 RTP 信息包被封装在 UDP 消息段中，然后再封装在 IP 数据包中[98~101]。结构如图 5 – 2 所示。

5.2.1.1　RTP 数据报格式及指标介绍

每一个 RTP 数据包报头都包含使接收者可以恢复原始数据时序的时间标记，以及使接收方可以处理丢失、重复或错误的数据报的顺序号。RTP 信息包既可以应用于单目标播放音视频流，也可以在一对多或多对多的多目标广播树上传送音频和视频流。RTP 可以较好地处理多媒体应用的实时性。多媒体应用与传统数据应用不同，它们对发送方、接收方和网络的要求不同，当传输音频或视频流时，丢失一些数据无妨大局，只要避免音频或视频出现更大的间隔。

RTP 标题由 4 个信息包标题域和其他域组成：有效载荷类型（payload

	TCP/IP 模型
	应用层（application）
传输层	RTP
	UDP
	IP
	数据链路层（data link）
	物理层（physical）

图 5 - 2 RTP 结构

Fig. 5 - 2 RTP structure chart

type）域，顺序号（sequence number）域，时间戳（time stamp）域和同步源标识符（Synchronization Source Identifier）域等[102,105]。RTP 信息包的标题域的结构如图 5 - 3 所示。

Payload Type 有效载荷类型	Sequence Number 顺序号	Timestamp 时间戳	Synchronization Source Identifier 同步源标识符	Miscellaneous Fields 其他

图 5 - 3 RTP 信息包的标题域的结构图

Fig. 5 - 3 Header field structure chart of RTP information packet

（1）有效载荷类型。RTP 信息包中的有效载荷域（Payload Type Field）的长度为 7 位，因此 RTP 可支持 128 种不同的有效载荷类型。对于声音流，这个域用来指示声音使用的编码类型，例如 PCM、自适应增量调制或线性预测编码等，如果发送端在会话或者广播的中途决定改变编码方法，发送端可通过这个域来通知接收端；对于电视流，有效载荷类型可以用来指示电视编码的类型，例如 motion JPEG、MPEG - 1、MPEG - 2 或者 H. 231 等，发送端也可以在会话或者期间随时改变电视的编码方法。

（2）顺序号。顺序号（Sequence Number Field）域的长度为 16 位，每发送一个 RTP 信息包顺序号就加 1，接收端可以用它来检查信息包是否有丢失以及按顺序号处理信息包。例如，接收端的应用程序接收到一个 RTP 信息包流，这个 RTP 信息包在顺序号 86 和 89 之间有一个间隔，接收端就知道信息包 87 和 88 已经丢失，并且采取措施来处理丢失的数据。

（3）时间戳。时间戳（Time stamp）域的长度为 32 字节。它反映 RTP 数据信息包中第一个字节的采样时刻/时间，接收端可以利用这个时间戳来去除由网络引起的信息包的抖动，并且在接收端为播放提供同步功能。

（4）同步源标识符。同步源标识符（Synchronization Source Identifier，SSRC）域的长度为 32 位。它用来标识 RTP 信息包流的起源，在 RTP 会话或者期间的每个信息包流都有一个清楚的 SSRC。SSRC 不是发送端的 IP 地址，而是在新的信息包流开始时源端随机分配的一个号码[97,103,104]。

RTP 并不是 TCP/IP 协议栈的一部分，每一个 RTP 数据报都由头部（Header）和负载（Payload）两个部分组成，所以必须对应用进行编码，在每个 UDP 数据报上增加新的长度为 12 字节的报头，发送方填写每个报头，而负载则可以是音频或者视频数据[106]。如图 5 - 4 所示。

0 1	2	3	4567	8	9012345	6789012345678901
版本号 （V）	补齐位 （P）	扩展位 （X）	贡献源数 （CC）	标记 （M）	有效载荷 类型（PT）	序列数 （Sequence Number）
时间戳 （Time Stamp）						
同步源标识 （Synchronization Source Identifier）						
贡献源标识 （Contributing Source Identifier）						

图 5 - 4 RTP 协议报头结构

Fig. 5 - 4 RTP protocol header structure

（1）版本号（V）。占 2 比特，定义了 RTP 的版本。

（2）补齐位（P）。占 1 比特，如果补齐位被设置成 1，那么一个或多个附加的字节会加在报头的最后，附加的最后一个字节放置附加的字节数。补齐是一些加密算法所必需的，在下层网络数据包携带多个 RTP 包时也需要补齐。

（3）扩展位（X）。占 1 比特，如果扩展位被设置成 1，一个头部扩展域会加在 RTP 包头后。

（4）贡献源数（CC）。占 4 比特，它定义了本头部包含的贡献源数目。

（5）标记（M）。占 1 比特，其解释由具体应用所定义，一种应用可不定义标记字段，也可定义多个标记字段。

（6）有效载荷类型（PT）。占 7 比特，对音频和视频等数据类型予以说明，并说明数据的编码方式。

（7）顺序号（Sequence Number）。占 16 比特，每发出一个 RTP 包，序列号加 1，它可以被接收方用来检查包丢失及重组包的顺序。序列号的初值是随机的（不可预料的），即使源的本身没有被加密，但流通过 RTP 解释器（Translator）后就被加密，不可预料的序列号初值对加密的攻击变得更加困难。

（8）时间戳（Time stamp）。占 32 比特，用于重新建立原始音频或视频的时序。时间戳标识了 RTP 包中数据的第一个字节的采样瞬间，它必须依赖于一个单调线性递增的、允许同步和抖动计算的时钟，该时钟对于同步和计量包到达时间的抖动是足够的。时钟频率依赖于负载数据，可以在每个应用中静态定义，也可用非 RTP 方式动态定义。如果 RTP 包是周期产生的，额定采样瞬间是由采样时钟而不是系统时钟决定的。例如，对于一个音频信号，时间戳可定义为每个采样周期加 1，如果一个应用程序读取了一百个采样周期的数据块，那么，时间戳就应该加 100。不管该数据块最终是被丢弃了，还是被传送了，时间戳的初始值是随机的，一个串行的 RTP 包的时间戳如果在时间上是相同的，则应该相等。

（9）同步源标识（Synchronization Source Identifier，SSRC）。占 32 比特，定义同步源的标识符，可以随机选取，但是在同一个 RTP 会话中，不同的同步源应该有不同的同步源值。

（10）贡献源标识（Contributing Source Identifier，CSRC）。0 ~ 15 段，每段 32 比特，其个数由前面的贡献源数目字段决定，最多有 15 个贡献源可标识，它通过 RTP 混合器将多个贡献源定义符插入[106,107,109]。

从 RTP 数据报的格式不难看出，它包含了传输媒体的类型、格式、序列号、时间戳以及是否有附加数据等信息，这些都为实时的流媒体传输提供了相应的基础。RTP 协议的目的是提供实时数据的端到端传输服务，因此在 RTP 中没有连接的概念，它可以建立在底层的面向连接或面向非连接的传输协议之上；RTP 也不依赖于特别的网络地址格式，而仅仅只需要底层传输协议支持组帧（Framing）和分段（Segmentation）就足够了。

RTP 利用混合器（Mixer）和解释器（Translator）来完成实时数据的传输。所谓混合器就是从一个或多个发生源中接收 RTP 包的中间系统，然后把这些包混合起来形成一个新的 RTP 包，出于多个数据源的 RTP 包一般来说不同步，所以混合器就对这些输入源进行时间戳判断，然后形成时间同步的混合流[108]。这样，一个混合器就可以作为一个同步源，解释器就是形成RTP 包完整同步源标识符的一个中间系统。

5.2.1.2　RTP 协议组播方案

RTP 组播方案中包括由服务器端、客户端和组播网络载体三部分组成，组播整体方案示意图如图 5 - 5 所示[109]。

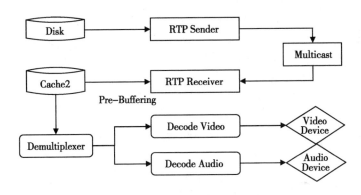

图 5 - 5　组播整体方案示意图

Fig. 5 - 5　Frame structure of multicast scheme

RTP Sender 为服务器端；RTP Receiver 为客户端；Multicast 为组播网络；流数据包由 RTP Sender 发送，经过 Multicast 网络，到达 RTP Receiver 客户端，实现流媒体传输。其中，服务器端将音视频流封装成 RTP 数据包通过组播网络发送，如图 5 - 6 所示。

客户端加入组播群组后，就可以接收音视频流，如图 5 - 7 所示。

RTP 协议主要提供 IP 多播控制、提供时间信息和实现流同步，而 RTCP 协议用于监控数据流的性能和质量，用以实现对音频和视频流的动态监控。RTCP 控制分组对流媒体传输建立过程进行管理控制，依照该协议的控制流程将本地的描述信息传达给其他具有相同组播地址的节点，同时接收来自其他节点的描述信息，形成连接状态表，并根据节点的退出或加入，对连接状

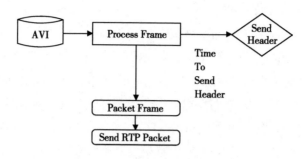

图 5 - 6 服务器发送示意图

Fig. 5 - 6 Frame structure of server sending

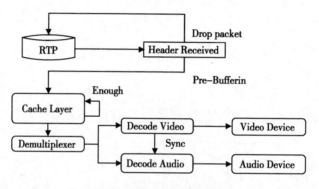

图 5 - 7 客户端接收示意图

Fig. 5 - 7 Frame structure of client receiving

态表进行维护[106,107]，从而即时反馈当前的节点连接状况，因此可以用它来管理维护协作组成员列表。各节点根据反馈信息来调整数据的编码格式，检测定位网络故障，监控网络传输状况，之后驱动音频和视频的编解码进行响应，提高或降低实时数据产生速率。此外，在 RTCP 包中还包含有传输层节点的唯一标识，用来同步音频的视频和数据。利用这个特性可维护管理其服务质量和传输状态。

5.2.2 音视频编解码技术

基于音视频咨询所需带宽条件和图像质量的综合考虑，本系统音频编码采用了 G. 723 音频编码协议，视频编码采用了 H. 264 图像编码协议，这两种编码协议都十分适用于双向编解码并传输的场合，非常适用于虚拟参考咨询可视化系统的实现。

5.2.2.1 H.264 视频压缩编码格式

H.264 是 ITU - T 的 VCEG（视频编码专家组）和 ISO/IEC 的 MPEG（活动图像编码专家组）的联合视频组（JVT：joint video team）开发提出的高度压缩数字视频编解码器标准，2003 年 3 月正式发布。H.264 标准可分为三档：

基本档次：其简单版本，应用面广；

主要档次：采用了多项提高图像质量和增加压缩比的技术措施，可用于 SDTV、HDTV 和 DVD 等；

扩展档次：可用于各种网络的视频流传输。

H.264 既保留了以往压缩技术的优点和精华又具有其他压缩技术无法比拟的许多优点。

低码率（Low Bit Rate）：与 MPEG - 2 和 MPEG - 4 ASP 等压缩技术相比，在同等图像质量下，采用 H.264 技术压缩后的数据量只有 MPEG - 2 的 1/8，MPEG - 4 的 1/3。显然，H.264 压缩技术的采用将大大节省用户的下载时间和数据流量收费。举个例子，原始文件的大小如果为 88GB，采用 MPEG - 2 压缩标准压缩后变成 3.5GB，压缩比为 25∶1，而采用 H.264 压缩标准压缩后变为 879MB，从 88GB 到 879MB，H.264 的压缩比达到惊人的 102∶1。

高质量的图像：H.264 能提供连续、流畅的高质量图像（DVD 质量）。

容错能力强：H.264 提供了解决在不稳定网络环境下容易发生的丢包等错误的必要工具。

网络适应性强：H.264 提供了网络抽象层（Network Abstraction Layer），使得 H.264 的文件能容易地在不同网络上传输（例如，互联网、CDMA、GPRS、WCDMA、CDMA2000 等）。

技术上，它集中了以往标准的优点，并吸收了标准制定中积累的经验。与 H.263 v2（H.263 +）或 MPEG - 4 简单类（Simple Profile）相比，H.264 在使用与上述编码方法类似的最佳编码器时，在大多数码率下最多可节省 50% 的码率，正因为如此，经过 H.264 压缩的视频数据，在网络传输过程中所需要的带宽更少，也更加经济。H.264 在所有码率下都能持续提供较高的视频质量，它引入了面向 IP 包的编码机制，有利于网络中的分组传输，支持网络中视频的流媒体传输。H. 264 能工作在低延时模式以适应实时通信的应用（如视频会议），同时又能很好地工作在没有延时限制的应用，如视频存储和以服务器为基础的视频流式应用。H. 264 具有较强的抗误码特性，它提供在包传输网中处理包丢失所需的工具，以及在易误码的无线网中处理比特误码的工具。H. 264 支持不同网络资源下的分级编码传输，从而获得平稳的图像质量，网络亲和性好。

在系统层面上，H. 264 提出了一个新的概念，在视频编码层（Video Coding Layer，VCL）和网络提取层（Network Abstraction Layer，NAL）之间进行概念性分割，前者是视频内容的核心压缩内容之表述，后者是通过特定类型网络进行递送的表述，这样的结构便于信息的封装和对信息进行更好的优先级控制。H. 264 的系统结构如图 5 − 8 所示。

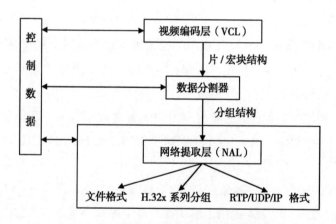

图 5 − 8　H. 264/AVC 标准系统层结构

Fig. 5 − 8　Standard system structure ofH. 264/AVC

H264 标准使运动图像压缩技术上升到了一个更高的阶段，在较低带宽上提供高质量的图像传输是 H. 264 的应用亮点[110~115]。

5. 2. 2. 2　G. 723 压缩编码格式

G723 标准是 ITU − T 组织于 1996 年推出的一种双速率语音编解码标准，它是一种用于多媒体通信的双码率编码方案，标准传输码率有 5. 3kb/s 和 6. 3kb/s 两种，其中，5. 3kbits/s 码率编码器采用多脉冲最大似然量化技术（MP − MLQ），6. 3kbits/s 码率编码器采用代数码激励线性预测技术[116]。

　　G. 723 编码器采用 LPC 合成 – 分析法和感觉加权误差最小化原理编码。G. 723 标准可在 6. 3kbps 和 5. 3kbps 两种码率下工作。对激励信号进行量化时，高速率（6. 3kbps）编码器的激励信号采用多脉冲最大似然量化（MP&shy；–MLQ），低速率（5. 3kbps）编码器的激励信号采用代数码本激励线性预测（ACELP）。其中，高码率算法（6. 3kbps）具有较高的重建语音质量，而低码率算法（5. 3kbps）的计算复杂度则较低。与一般的低码率语音编码算法一样，这里的 G. 723 标准采用的线性预测的合成分析法也就是我们通常所说的 Analysis – by – Synthesis。

　　G. 723 建议采用的是定点运算。根据传输编码参数，可重构激励源与合成滤波器进行解码，还原出来的数字语音信号经 D/A 转换器转换成模拟语音信号。G. 723 算法对语音信号有很好的编解码效果，同时也可处理音乐和其他声音信号，典型输入是 64kbps（8k ×8）或 128kbps（8k ×16）的 A 律或 U 律的 PCM 采样语音信号。每次处理一帧语音信号，每帧 240 个采样点（30ms）。在 5. 3kbps 的码率下，每帧语音被压缩成 20 个。编码器先对语音信号进行传统电话带宽的过滤，再将输入的 16bit 线性脉冲编码调制（PCM）码流分成长度为 240 个样点的语音帧，以帧为单位进行编码。首先把 1 帧信号分成 4 个长度为 60 个样点的子帧，接着进行高通滤波，这样就可以去掉直流分量；分别进行 10 阶线性预测编码（LPC）分析，从而得到各子帧的 LPC 参数，并把最后一个子帧的 LPC 参数转化成线谱对（LSP）参数，进行矢量量化编码，送到解码器。利用未量化的 LPC 参数构造短时感觉加权滤波器，对信号滤波后得到感觉加权的语音信号。每两个子帧（120 样点）搜索一个开环基音值，并以此为依据，为每一个子帧构造一个谐波噪声成形滤波器，对感觉加权的语音信号进行滤波。每一子帧的 LPC 综合滤波器、感觉加权滤波器和谐波噪声成形滤波器级联起来，构成一个联合滤波器，利用它的冲击响应和开环基音周期，对每一子帧进行闭环基音搜索，对开环搜索的结果进行修正。同时通过一个 5 阶基音预测器对信号进行预测，得到相应子帧的残差信号。再进行固定码本搜索，也就是对每一子帧的残差信号进行矢量量化，先用实际信号减去预测信号得到残差信号，再用一个脉冲序列通过组成滤波器来模拟残差信号，在最小误差准则下，将得到的一系列参数，如滤波器系数、脉冲位置、脉冲幅度打包成一个比特流传送出去，最后还要进行状态更新[117,118]。

G. 723 解码器也是以帧为单位进行解码的。编码器输出的基音周期和差分值都被传送到解码器。首先通过激励解码器，基音解码器和 LSP 解码器对量化的 LPC 进行解码，然后构造 LPC 合成滤波器，对于每个子帧都需要进行自适应码本激励和固定码本激励的解码，然后输入到合成滤波器中，自适应后置滤波器由共振峰后置滤波器和前后向基音后置滤波器组成，激励信号输入到基音后置滤波器中，输出信号输入到合成滤波器中，其输出再输入到共振峰后置滤波器中，一个增益缩放单元保证共振峰后置滤波器的输入信号的能量电平。

G. 723 语音编码方案属于混合语音编码，既包含参数编码又包含波形编码，这样既克服了波形编码和参数编码的缺点，又吸取了它们各自的长处，因而在较低速率上采用 G. 723 语音编码器能获得较好质量的重建语音，在自然度和可辨识性上都比较令人满意，非常适合于音频咨询中的语音编码传输。G. 723 编码器功能如图 5 -9 所示[119,120]。

5.2.3　JMF 技术

JMF 是 Java 术语，意为 Java 媒体框架（Java Media Framework，JMF）。该核心框架支持不同媒体（如：音频输出和视频输出）间的时钟同步。它是一个标准的扩展框架，允许用户制作纯音频流和视频流。本文研究正是选取基于 Java 语言下的 JMF（Java Media Framework，Java 媒体框架）平台来开发 B/S 模式的音视频咨询模块[121]。

JMF 提供了一套通用的跨平台的 Java 函数库来访问底层的音视频接口，对实时媒体数据进行获取、处理和传输的管理提供了统一的体系结构和消息通讯协议。JMF 支持大多数标准媒体类型，如 AIFF、AU、AVI、GSM、MPEG、Quick Time、G72X、H. 26X、RTP/RTSP 等。使用 JMF，可以轻易地创建用于再现、采集、处理和存储基于时间媒体的 Java Applet（Java 小程序）和 Java 应用程序。这个框架允许实现对原始媒体数据的定制处理，同时实现 JMF 的无缝扩展以支持新增内容的类型和格式，优化对所支持格式的处理并创建新的再现机制

通过使用 Java 平台的优越性，JMF 将"编写一次，到处运行"的能力

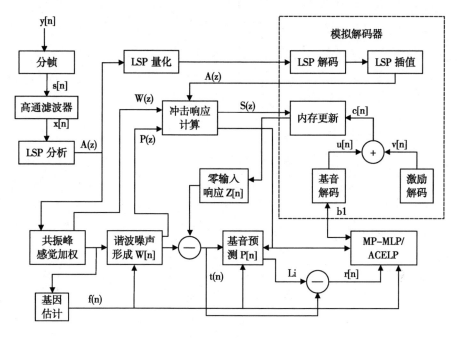

图 5 – 9 G. 723 编码器功能框图

Fig. 5 – 9 Function structure ofG. 723 coder

扩展到了图像、影像和数字媒体等各种应用领域，同时也扩展了 JMF API （函数库）来处理自己所要处理的特定的实际媒体类型，从而大大缩减了开发时间，降低了开发成本[122 – 124]。

JMF 高层体系结构如图 5 – 10 所示。

图 5 – 10 JMF 体系结构图

Fig. 5 – 10 System structure of JMF

5.2.3.1 JMF 功能

JMF 的主要功能有：

· 在 Java 的应用程序和 Applet 中，播放各种媒体格式文件；

· 在 Internet 中播放流媒体数据；

· 在麦克风和数字摄像机的帮助下采集音频和视频数据，并且将数据保存为多种格式的文件；

· 在 Internet 中发布音频流、视频流；

· 制作实时的音、视频广播服务。

JMF 功能结构图如图 5 – 11 所示[102]。

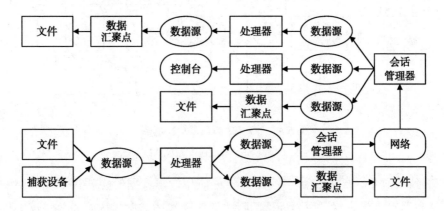

图 5 – 11   JMF 功能结构图

Fig. 5 – 11   Function structure of JMF

5.2.3.2 管理器（Manager）

JMF 管理器有四种：一般管理器（Manager）、包管理器（Package Manager）、捕获设备管理器（Capture Device Manager）和插件管理器（plug ln Manager）[125]。

Manager 管理数据源（Data source）类、媒体播放器（Player）类、媒体处理器（Processor）类和数据池（Data sink）类的创建。Manager 可以利用缺省或自定义方式创建这些类的对象，自定义的对象可以和 JMF 对象无缝组合在一起。

包管理器（Package Manager）维护包含 JMF 类的包的登记表，比如自定义播放器，处理器，数据源和数据池等。

捕获设备管理器（Capture Device Manager）维护音视频咨询设备登记表，包括摄像头，话筒等。

插件管理器（plug ln Manager）维护一个可用的 JMF 处理过程插件登记表，包括多路复用器（Multiplexer）、多路分解器（Demultiplexer）、编码解码器（Codecs）、效果（Effects）和渲染（Renderer）插件。

5.2.3.3　事件模型

为了使基于 JMF API 的应用程序知道媒体系统目前所处的状态，也为了让应用程序对处理媒体数据时出现的错误情况能够做出反应，JMF 使用了一种结构化的事件报告机制。JMF 对象在任何时候想要报告当前状态时，都会发出一个媒体事件（Media Event），媒体事件是事件类型中的一个子类。与此对应，JMF 都定义了一个事件监听接口，要接收事件的对象通过调用增加监听（Add Listener）的方法实现这个接口，就可以收到相应事件通知了。媒体事件由控制器对象和特定控制对象发出。

JMF 的 Controller 类的任何实例都可产生 Media Event 事件，而播放器 player 和处理器 processor 都继承自 Controller[126]，其事件模型如图 5 – 12 所示。

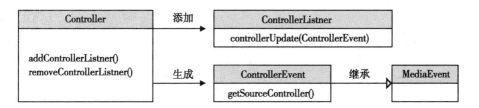

图 5 – 12　Controller 事件模型

Fig. 5 – 12　Model of Controller Event

此外，还有一类事件由 RTP 会话管理器（RTPSessionManager）对象发送。当 RTP 流状态发生改变或者发起 RTP 会话时将产生 RTP 事件。RTP 事件主要分为四大类：RemoteEvent，通过该事件可以获得远程会话参与者的 RTP 控制信息以及时间等信息；SessionEvent，包含了会话状态改变的各种信息；ReceiveStreamEvent，通过该事件可以获得一个正被接收的 RTP 数据流的状态信息；SendStreamEvent，通过它则可以得到正在传输的 RTP 数据流信息。以上四大类还各自包含很多子类，在此不多做介绍，特别强调其中两个最主要的类：

NewReceiveStreamEvent：当 RTPManager 接收到一个新的数据流时产生此事件；

NewParticipantEvent：当一个新的参与者加入该会话时产生此时间。

5.2.3.4　JMF 数据源

数据源（Data Source）中保存着视频和音频流文件。一个数据源对象管理一组源媒体流（Source stream）对象。一般数据源使用字节数组作为传输单元，缓冲数据源使用缓冲（Buffer）对象作为传输单元[102]。如图 5 – 13 所示，JMF 支持两种类型的数据源：

Pull 数据源：由客户进行数据传输，并控制从 pull 数据源来的数据流，即由客户端主动从服务器端将数据"拉（Pull）"过来。例如，在服务器端的超文本文件即是一种 Pull 数据源，超文本传输协议 HTTP 就是一种用于传输 Pull 数据源数据的协议。

Push 数据源：由服务器端进行数据传输，并控制数据的流向，即数据的传输是由服务器端"推（push）"来过的。用于网络传输的视、音频即是一种 Push 数据源，实时传输协议就是一种用于在网络中实时传输媒体 Push 数据源数据的协议。

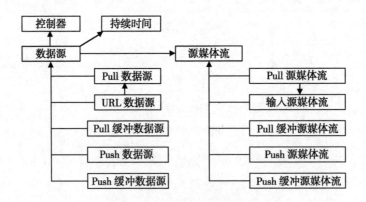

图 5 – 13　JMF 数据模型

Fig. 5 – 13　Data Model of JMF

一个媒体播放器的数据源可以用一个 JMF Media Locator 或一个 URL 来定位。Media Locator 是一个描述某媒体播放器显示的媒体数据的类，它类似于 URL 类，并可由 URL 类来构造。在 JMF API 中定义了 Data source 类，通过 Data source 类创建的 Datasource 对象即是一种数据源，它可以是一个多媒体文件，也可以是用于网络传输的多媒体数据流。对于 Datasource 对象，一旦确定了它的位置和类型，Datasource 对象中就包含了多媒体数据、数据流的位置和媒体的类型等信息。另外，JMF 还定义了两种特殊类型的数据源，可以克隆数据源和合并数据源。前者用于创建数据源的克隆体，数据源被克隆后不能再被直接引用，需要通过克隆体才能访问；后者用于合并几个同类型数据源的数据流到一个数据源中，这样就可以在流的连接、断开、开始、终止操作时，用一个控制器来管理几个数据源里的数据。一个对象的精确媒体格式是由 Format 对象来表示的，媒体格式本身不带任何特殊编码格式参数和全局时间信息，它只是描述格式编码名称及这种格式所要求的数据类型。

JMF 扩展了 Format 对象来定义音频专用格式以及视频专用格式。Audio Format 类描述声音格式特性，Video Format 类封装了与视频数据有关的信息。控制监听（Control Listener）接口监听为了从控制器得到格式变化通知，必须实现格式改变事件（Format Change Events）。

5.2.3.5 JMF 控制

JMF 控制作用于音视频咨询媒体流传输过程。控制是专门为设置和查询对象属性设计的，常与用户界面组件交互，在 JMF API 中，能够实现控制接口的对象有控制器、数据源、数据池和 JMF 插件，标准控制类型如图 5 – 14 所示。

CachingControl 可以监视下载过程；GainControl 能够调节音量，设置播放器或处理器静音，并支持音量监听机制；Stream WriteControl 接口安装在复用器或者数据池（DataSink）实现时，可从数据源读出流数据写到目的地；FrameGrabbingControl 可从播放器或处理器中定位指定帧，从活动视频流中抓取一幅静态图像；FormatControl 可以访问、查询、设置流的格式；TrackControl 是 FormatControl 其中的一种类型，它提供的机制让程序员能够控制处理器对象处理特殊的多媒体数据轨道，特殊的多媒体数据轨道即指定转换格式的轨道，也可以选择效果、编码、渲染插件；PortControl 和 MonitorControl 使用户能够控制流媒体捕获过程，前者定义了访问捕获设备输出

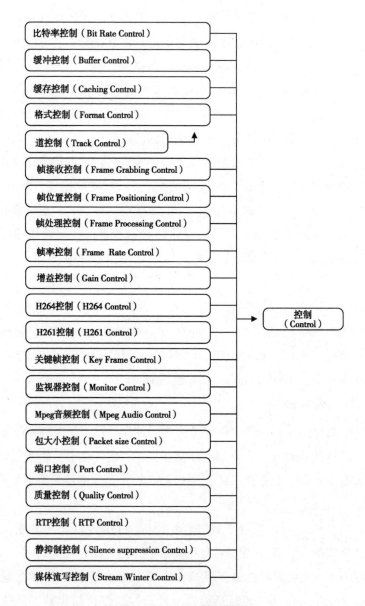

图 5 – 14　JMF 控制模型

Fig. 5 – 14　Controller Model of JMF

的方法，后者在多媒体流捕获或解码时能够进行预览；BufferControl 控制接口在用户层控制数据缓冲过程。

　　JMF 还定义了一些针对编码和解码过程的控制：BitRateControl 用来读出

一个输入媒体流的比特率或控制解码速率；FrameProcessingControl 可在处理器处理输入流太慢时设定每帧处理参数，使编码器执行最少的工作；Frame-eRateControl 修改播放帧率；H261Control 接口控制 H. 261 视频格式编码器静止图像传输方式；H264Control 控制 H. 264 格式视频编码参数；MpegAudio-Control 可得到 MPEG 声音编码属性并能选择解码参数；KeyFrameControl 对关键帧之间的 01 隔做一些控制操作；QualityControl 在高性能和低 CPU 使用率之间权衡，用不同的压缩率得到不同的画质；SilenceSuppressControl 可使声音编码器不输出数据（即静音状态)[127]。

5.2.3.6　用户接口组件

控制能够访问用户界面组件并把控制行为呈现给用户，通过调用 get-ControlComponet（　）方法可取得一个控制的缺省用户界面对象，如一个播放器同时提供了播放和控制窗口，可以调用播放器的方法 getVisualCompo-nent 和 getControlPanelComponent 来检索这两个面板组件对象。如果要用自己的组件取代缺省的控制组件，就要实现自己的事件监听机制。例如，用自己的 GUI 组件与一个播放器交互时，组件上的动作将触发播放器的相应方法，如开始、结束播放事件，通过管理器登记自定义的 GUI 组件作为与播放器相连的控制监听器（Controller Listeners），这样就可收到播放器对象状态消息，让组件对动作做出反应。

5.3　音视频模块的设计方案

5.3.1　运行环境

模块采用 B/S 架构，由服务器和客户端构成。服务器端主要包括：流媒体服务器，JSP 服务器和服务器程序组成；客户端主要包括多媒体计算机、音箱、声卡、网卡、摄像头和客户端运行环境（JRE 和 JMF 开发包）等。

客户端和服务器端所需的硬件设备如表 5 – 1 所示。

表 5 –1　服务器端与客户端设备表

Tab. 5 –1　Equipment of client and server

环境	各层设备及功能
服务器端	高性能计算机
	网卡：连接局域网，实现基本的网络通信
	声卡：将麦克风接入声卡，通过声卡采集音频媒体
	耳机：播放输入的音频
	摄像头：摄像头是用户参加视频咨询的基本条件，摄像头用于捕获视频媒体
客户端	普通台式机
	网卡：连接局域网，实现基本的网络通信
	声卡：将麦克风接入声卡，通过声卡采集咨询员或者咨询用户的音频媒体
	耳机：播放所请求的音频
	摄像头：用于捕获咨询员或咨询用户的视频媒体
	浏览器：用于用户访问服务器

（1）服务器端。服务器端包括流媒体服务器、JSP 服务器和服务器程序。JSP 服务器用于解释 JSP 程序，转化为 Servlet 响应用户的动作，并返回相应的 HTML 代码到客户浏览器。运行在服务器端的程序是模块的核心部分，包括监听、接收和转发客户发送至服务器的媒体流信息功能。当服务器发布音视频咨询网页后，客户通过浏览器登录系统，服务器开始监听来自咨询用户的请求，并作出相应的响应和控制，服务器端是实现音视频模块的重要组成部分。

（2）客户浏览器。客户浏览器是用户进行音视频咨询的重要工具。通过浏览器实现客户的认证、授权，登录音视频咨询主界面。本模块采用 B/S 结构，客户无须安装任何客户端软件，所有媒体捕获、媒体传输、媒体播放都在网页上即可实现。

（3）端口。端口是区别媒体流的重要标志。在音视频模块里，同一个 IP 可以传送不同的流媒体文件，如音频流媒体、视频流媒体等。仅仅用 IP 并不能区别来源不同的流媒体数据包，为每个流媒体设置一个特定的端口是非常必要的。

5.3.2 模块数据流程设计

5.3.2.1 整体数据流程设计

音视频模块数据流程如图 5 − 15 所示。

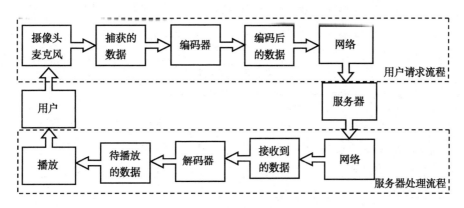

图 5 − 15 数据流程图

Fig. 5 − 15 Data flow chart

首先，客户端请求音视频交流，摄像头或麦克等设备会对用户的音频和视频进行信息捕捉，编码器会对捕捉到的音频或视频数据进行编码压缩（Encoding），并且转换成网络传输可用的数据格式——RTP 格式，然后把这个处理好的数据传送给服务器，该传输遵循 RTP 协议，服务器再通过网络把这个音视频数据源转发给其他的用户，客户端接收音视频流媒体信息，经系统解码后就可以播放了。

5.3.2.2 服务器端数据流程设计

服务器端采用保持——转发的设计思想。

具体流程为：服务器负责保持来自所有客户端（包括咨询员与咨询用户）的媒体流，并将用户信息和媒体信息保存到公共变量区域中，再把媒体流转发给音视频咨询的相应用户。服务器端数据流程设计如图 5 − 16 所示。

5.3.2.3 客户端数据流程设计

客户端采用发送——接收播放的设计思想。

具体流程为：用户请求进行音视频咨询服务，请求通过后，将本地媒体

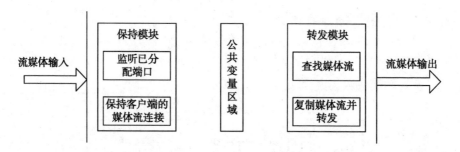

图 5 – 16　服务器端数据流程

Fig. 5 – 16　Data flow chart of server working

方式发送至服务器，在这个过程中，服务器将在分配给该用户的服务器端口中监听，如果有流媒体到达，则在保持数组中增加一个记录。服务器端会复制音视频咨询过程中其他用户的媒体流，并转发给新增加的用户，最后客户端接收所有的音视频流并实时播放。客户端数据流程设计如图 5 – 17 所示。

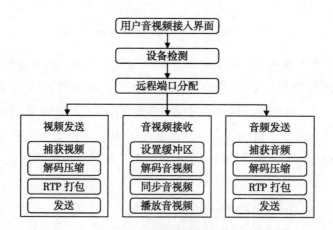

图 5 –17　客户端数据流程

Fig. 5 –17　Data flow chart of clint working

　　按照服务器和客户端的设计思想，下面利用图例说明具体音视频咨询的交互过程。假设有用户甲和乙参与音视频咨询，用户甲和用户乙首先采集自己的音视频流，压缩、打包后发送给服务器，服务器把接收到的甲的音视频流转发给用户乙，把接收到的乙的音视频流转发给用户甲，用户乙接收到甲的音视频流后，解码播放，而用户甲接收乙的音视频流，然后解码播放。整个交互过程如图 5 –18 所示。

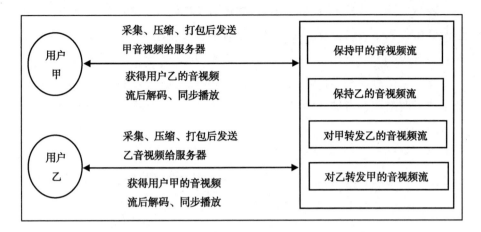

图 5 - 18　用户交互过程图

Fig. 5 - 18　User interactive processing

5.3.3　音视频模块功能设计

5.3.3.1　服务器端功能设计

基于服务器端数据流程设计思想，将服务器端设计为三个子模块：监听子模块、接收保持子模块、转发子模块。

（1）监听子模块。用于监听媒体事件及对事件的处理。该子模块包括三种功能：监听新咨询者加入功能、监听咨询者离开功能、监听流媒体改变功能。如图 5 - 19 所示。

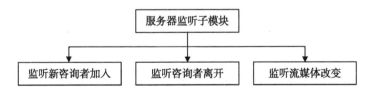

图 5 - 19　监听子模块功能框图

Fig. 5 - 19　Function structure of listener module

监听新咨询者加入功能是指当监听到新咨询者加入的事件，调用该功能完成新咨询者的参数设置，具体为该咨询者实例化媒体处理器、媒体会话管理器并且存储咨询者 IP 及其使用的服务器端口。

监听流媒体改变事件功能是指流媒体改变的时候，服务器发出一个流媒体改变事件，用新的流媒体替代原来流媒体，并发送新的流媒体到咨询系统的其他客户端。

监听咨询者离开事件功能是指咨询者结束与服务器的通信时调用该功能，执行改变咨询者信息数组、停止发送该咨询者的媒体数据及释放媒体会话管理器等操作。

（2）流媒体接收子模块。该模块接收来自给定参数信息流媒体。该模块包括三种功能：即接收咨询者参数功能、流媒体保持功能、出错处理功能，如图 5 - 20 所示。

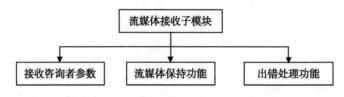

图 5 - 20　流媒体接收子模块功能框图

Fig. 5 - 20　Function structure of receiving module

接收咨询者参数功能：是指服务器从网页得到咨询者的 IP 和传输端口等参数，把这些参数保存在公共变量存储区里，并在服务器端开启接收端口和监听程序，等待咨询者流媒体的到达。

流媒体保持功能：是指接收到来自咨询者的音视频流，并为其构建数据源、处理器和流媒体会话管理器等内容。

出错处理功能：是指服务器如果从咨询者得到的参数有错误，或者构建数据源，处理器和流媒体会话管理器失败后，则由该模块进行相应的出错处理，并向咨询者返回出错信息。

（3）流媒体转发子模块。该模块是把服务器中保持的音视频媒体流发送到咨询系统中其他相应的客户端。模块包括流媒体发送功能和出错处理功能，如图 5 - 21 所示。

流媒体发送功能：是指对公共存储变量区域中的任一 IP，找到其他不同的 IP 以及这些 IP 对应的媒体会话管理器，复制这些媒体包发送到这个 IP。

出错处理功能：该功能是指在转发子模块出错时进行错误处理，同时向

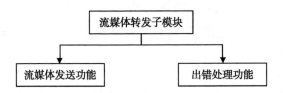

图 5 – 21   流媒体转发子模块功能框图

Fig. 5 – 21   Function structure of sending module

咨询者返回错误消息。

5.3.3.2   客户端功能设计

基于客户端数据流程设计思想，将客户端模块设计为四个子模块，即设备检测子模块、媒体捕获子模块、媒体处理发送子模块和媒体接收播放子模块。

（1）设备检测子模块。媒体设备检测子模块对必要的媒体设备进行检测，并对设备运作状况进行记录。该子模块主要包括：音频设备检测功能、视频设备检测功能、错误信息处理功能。如图 5 – 22 所示。

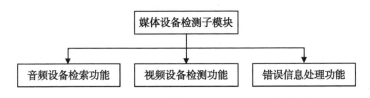

图 5 – 22   设备检测子模块功能框图

Fig. 5 – 22   Function structure of equipment module

音频设备检测功能：该功能检测音频设备使用状况，用"AudioFlag"进行标识，"True"表示成功，"False"表示失败，成功后与咨询者会话进行绑定。

视频设备检测功能：该功能检测视频设备使用状况，用"VideoFlag"进行标识，"True"表示成功，"False"表示失败，成功后与咨询者会话进行绑定。

错误信息处理功能：指当用户没有安装摄像头或者 2 话筒时，或者当前设备不能正常运行（包括被其他程序所占用）时，该功能向咨询者返回相应的错误信息。

（2）媒体捕获子模块。媒体捕获模块对客户端音频、视频媒体进行实时捕获，实现音频捕获功能、视频捕获功能、错误信息处理功能。如图5-23所示。

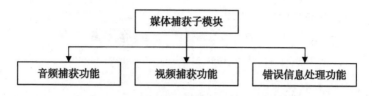

图 5 -23 媒体捕获子模块功能框图

Fig. 5 -23 Function structure of equipment module

音频捕获功能：是指客户端通过话筒实时捕获本地音频媒体的功能[128]。

视频捕获功能：是指客户端从摄像头实时捕获本地视频媒体的功能。

错误处理功能：是指判断能否构建音频、视频数据源，如果不行，则向咨询者返回错误信息的功能。

（3）媒体处理发送模块。指从摄像头得到实时咨询信息媒体流后，需要先进行编码压缩，然后进行 RTP 封装，再发送给服务器的过程。该子模块包括流媒体压缩编码功能、RTP 封装功能、流媒体 RTP 发送功能、发送模块出错处理功能。如图5-24所示。

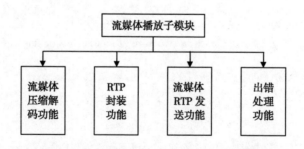

图 5 -24 流媒体处理发送子模块功能框图

Fig. 5 -24 Function structure of equipment module

流媒体压缩编码功能：指将摄像头捕获到的咨询媒体信息进行压缩编码，使其适应特定带宽的传输的功能。对于高带宽，进行高质量的压缩，而对于窄带宽，可以改变其压缩质量，从而获得更流畅的传输、播放。

RTP 封装功能：是指基于 RTP 协议对流媒体进行封装的功能。

RTP 发送功能：指经 RTP 封装的咨询信息流媒体基于 RTP 协议进行传输。

出错处理功能：是在压缩、封装、发送过程中，由该功能处理所有出错信息，并向咨询者返回错误信息的能力。

（4）媒体播放子模块。在接收服务器转发的流媒体后，客户端便启动流媒体播放模块，对所接收的流媒体进行实时播放。该子模块包括流媒体接收功能、流媒体播放功能和错误信息处理功能，如图 5 – 25 所示。

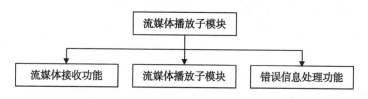

图 5 – 25　流媒体播放子模块功能框图

Fig. 5 – 25　Function structure of equipment playing module

流媒体接收功能：负责接收服务器转发的咨询流媒体信息。

流媒体播放功能：用客户端接收到的媒体流来构建播放器，同步音视频进行播放。

错误处理功能：当媒体流迟迟未到达，或者构建播放器错误，则向用户返回错误信息。

5.3.4　音视频模块的技术实现

本文在上述模块功能设计的基础上，进行了总体程序流程设计、服务器端流程设计和客户端流程设计，各流程之间相互联系，统一接口。

5.3.4.1　总体程序流程设计

总体程序流程设计表现了服务器端和客户端的交互过程。程序设计把客户身份分为二类：咨询专家和咨询用户。两类用户分别进入各自的页面，当咨询专家进入音视频咨询室后，程序自动启动服务器程序，这时咨询用户可以参与已经建立的咨询，咨询用户在进行咨询之前需要进行媒体设备的检测。具体过程如图 5 – 26 所示。

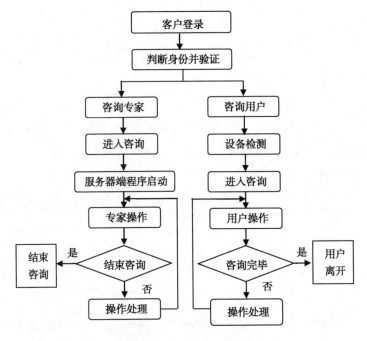

图 5-26　总体设计流程图

Fig. 5-26　The overall design flow chart

5.3.4.2　服务器端程序流程设计

服务器端采用 JSP 技术和 Java Bean 技术相结合。当咨询专家开始音视频咨询时，服务器端启动接收模块和转发模块，然后等待用户（包括咨询专家和咨询用户）的操作。

在接收模块流程里，如果有用户加入，则得到并存储用户的 IP 地址和端口。如果参数不合理，服务器将给用户返回错误信息，并且请求用户再次发送 IP 和端口到服务器，如果参数正确，将构建一个 RTP 媒体管理器，监听是否有流媒体到达，并保持流媒体，如图 5-27 所示。

在转发模块流程里，对咨询专家来说，需要在公共变量数组里查找所有咨询用户的信息，然后对每一个咨询用户构建一个新的 RTP 媒体管理器，并复制在接收模块相对应的媒体管理器的内容，转发给咨询专家；对于咨询用户来说，只需要转发咨询专家的媒体流，这样咨询用户就只能和咨询专家进行音视频交流，但是咨询专家却可以和其他所有人进行音视频交流。客户端如果不需要进行音视频咨询，那么将发送 Bye 信号给服务器，服务器收到

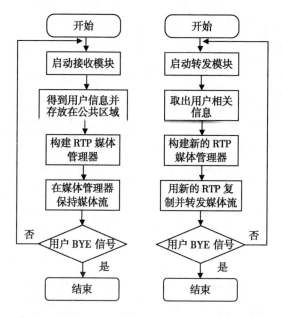

图 5 – 27 服务器端程序流程图

Fig. 5 –27 Program flow chart of server

Bye 信号后停止转发，并撤销相关媒体管理器，释放相关资源。

5.3.4.3 客户端程序流程设计

客户端采用 Java. JSP 技术和 Java Applet 技术相结合。当咨询专家启动音视频咨询后，等待咨询用户的加入。咨询用户通过在浏览器进入登录网页并完成用户设备检测工作，一方面捕获本地媒体流、压缩编码、RTP 打包发送给服务器；另一方面接收来自己服务器转发来的媒体流，解码并实时播放，如图 5 – 28 所示。

5.3.5 程序流程实现

根据咨询实时性的需求，本音视频模块主要开发出三种应用功能：音视频实时咨询、音视频在线录制、音视频在线播放。

通过音视频实时咨询，咨询专家可以和咨询用户通过视频、语音形式探讨问题；通过音视频在线录制功能，咨询专家可以把一些经典的学习内容或一些培训课程提前录制下来，供咨询用户自主学习，通过音视频在线播放，咨询用户就可以观看学习咨询专家录制好的音视频资料，实现自助咨询。

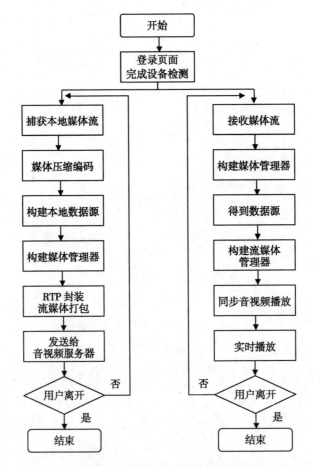

图 5 - 28 客户端程序流程图

Fig. 5 - 28 Program flow chart of client

音视频咨询的实现由判断设备状态、音视频流的实时采集与同步压缩、实时传输、服务器接收、服务器转发、客户端接收回放等六个过程组成，如果仅实现音视频在线录制和音视频在线播放，则只经其中部分过程即可实现[127]。

5.3.5.1 判断设备状态

当用户进入登录网页时，需要判断用户的媒体设备是否工作正常。系统进行判断设备的状态时，用程序连接媒体设备，尝试用给定的媒体设备构建一个数据源，如果成功，那么说明设备工作正常，设置该设备标志为"true"；如果失败，记录下失败的原因，返回给用户，并设置该设备标志为

"false"。

5.3.5.2　客户端媒体数据编码

在传输音视频媒体流之前，对媒体流进行编码需要经过以下步骤。

（1）得到媒体定位器。

（2）构建媒体处理器。

（3）配置处理器。

（4）处理机配置完成，调用 getTrackControls（　）函数。

（5）实现处理器对音视频打包。

经过配置的处理器，包含了发送媒体流所采用的相应格式和协议。本文采用 RTP 实时流媒体的传输协议，在传输前，需要对流媒体进行打包，以适应 RTP 协议的传输。

5.3.5.3　客户端流媒体传输

把经过压缩编码的客户端流媒体传输到服务器主要经过了以下两个过程完成。

（1）构建媒体管理器。RTP 媒体管理器实现 RTP 媒体流的管理。对于音频和视频都需要实例化一个 RTP 媒体管理器，并且用本地地址和目标地址进行初始化。

本地端固定用 20000 端口号来发送流媒体，而远程接收端端口号则需要根据用户数目来确定。因为一个远程端口不允许两个用户占用，每个用户都必须拥有自己的远程端口号才能进行流媒体无差错发送。关于端口号的计算在每个用户登录咨询系统的同时已经由 JSP 网页计算出来，并以参数形式传递给发送程序。

设置远程基端口为 20000，每增加一个用户远程端口在基端口基础上增加 4，因为发送端口只能为复数，而且音频、视频必须由不同端口进行发送，所以递增常量选择为 4。

（2）构建发送流，传输流媒体。

5.3.5.4　服务器流媒体接收

每个用户都有固定的远程端口，并将此端口发送给服务器，让服务器开始监听这些端口，如果有媒体流到达，构建媒体管理器并保持媒体，同时将发送该媒体用户的 IP 和远程端口记录到用户信息数组。具体实现如下。

（1）服务端接收程序初始化。初始化记录连接服务器用户的 IP 地址数组，所有向服务器发送视频流的用户 IP 都将记录在该数组中。MAXSessions 是允许用户最大连接数，视服务器配置而定。连接超过服务器所能承受的数目时，服务器将不在接受用户的连接。

（2）用户连接音视频服务器。当有用户接入时，首先需要设置一些参数，如接入用户的 IP、欲用的远程端口等，通过 Bean 的 set 和 get 属性完成参数的设置。

（3）保持流媒体。当在特定端口监听到流媒体到达后，服务器产生一个新用户事件。把该咨询用户的具体信息存放到公共变量数组中，然后为该用户实例化 RTP 媒体管理器，并用用户参数初始化对管理器进行初始化，保持该流媒体在媒体管理器等待别的用户该流媒体的请求。

5.3.5.5　服务器流媒体转发

转发音视频流需要知道发送者和接收者，查找用户公共变量数组，得到被请求用户的媒体流转发给接收者。对于咨询专家来说，它会复制所有咨询用户的音视频流，然后转发给对方；对于咨询用户来说，只会复制咨询专家的音视频流，然后发送给咨询用户，具体过程如图 5 – 29 所示。

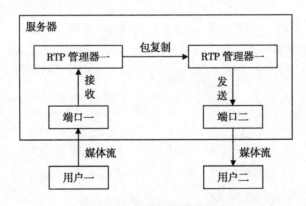

图 5 – 29　媒体流转发示意图

Fig. 5 – 29　Media flow transmission schematic diagram

用户一发送媒体流给用户二，则需要建设一个从端口一到端口二的连接，构建两个 RTP 管理器，第一个 RTP 管理器绑定在端口一上，接收端口一的数据；而第二个 RTP 管理器绑定在端口二上，通过端口二发送从端口一得到的数据给用户二，转发完成。

5.3.5.6　客户端接收和回放

此段程序使用会话管理器（Session Manager）来创建媒体播放器进行输入数据的回放，这样可以处理会话中多个 RTP 流。在使用会话管理器、播放器或处理器处理会话中所有接收到的 RTP 流时，将分别定位每个流的数据源并用管理器调用自己的方法创建各自单独的播放器或处理器。当用户接收到新的 RTP 流时，会话管理器发出 New Receive Stream Event 事件，通知处理器进行相应的处理。

6 黑龙江省农业气象信息服务平台的实现

黑龙江省农业气象信息服务平台是在充分利用现代信息技术手段，通过数据库开发与软件运用建设成的一个信息化服务平台。经过三年的平台研究实践，平台在结构及资源构成上，满足了生产、研究、决策的多方需求，它以农业气象信息为资源主体，以门户网站为发布媒介，以专业咨询为服务主导，在农业信息化发展过程中，开发了一个联系专家与用户的高效网络平台，为农村、农民现代化信息的获取给出了实践途径。

6.1 平台资源与服务集成的实现

广义范畴下的农业气象信息资源不仅仅是指农业生产所需的温湿水风等气象数据资源，同样包括进行农业气象科学研究的文献资源，涉及农业气象变化及政策指导的图片及音视频资源。平台内容资源与服务资源集成如图6-1所示。

生产者（以农民为主体的生产一线劳动者）通过平台可以进行主要气象要素信息的查询，也可以通过门户网站浏览气象资讯、相关政策法规等内容，从而了解当前的气象信息及国家法规，若有疑问，可以向专家进行多种方式咨询，音视频咨询让农民与专家直接面对面，方便了提问与解惑，更进一步的帮助农民进行科学生产。

研究者（进行农业气象学科研究的学者、高校教师、农技人员等）通过平台可以直接进行农业气象类文献信息的检索和浏览，同时可以对文献类信息进行信息个性化定制，系统将定期将最新的信息反馈给研究者，方便跟踪研究课题的最新进展，提升研究的延续性；同时也可以利用气象信息分析进行农业气象的预测，指导生产和实践；另外，研究者作为专家，也将通过

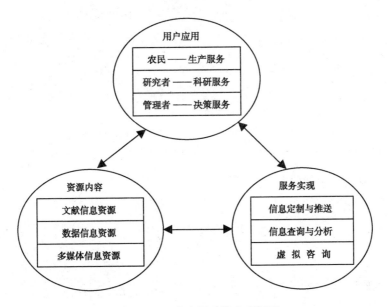

图 6-1　平台主要功能实现框图

Fig. 6-1　Main function structure of platform

平台咨询服务将所研究成果及合理性建议传授给农民，实现理论和实践的高效结合，利于生产，也益于下一步研究。

管理者（进行农业生产布局及发展规划的决策者）通过平台可以了解最新的农业气象资讯信息，掌握国家及各省市关于农业方面的最新动态，清楚发展的整体情况；当进行农业发展规划及部署时，可以利用平台气象综合信息分析作为参考，辅助农业气象科技文献内容，为全省的农业生产做出科学的发展决策。

农业气象信息服务平台建设的主要目的就是通过平台门户网站建设及子系统搭建，实现各类型用户的"一站式"服务功能，为加速农业信息化的发展拓展有效途径。

门户及主要子系统实现如下文描述。

6.2　平台主要子系统功能实现

6.2.1　门户网站的功能与实现

门户网站是指通向某类综合性互联网信息资源并提供有关信息服务的一

种应用系统。农业气象信息服务门户正是集合用户所需的农业气象类信息资源组建的一个专门服务系统。在门户设计上，全面考虑用户需求和使用习惯，设置了与用户密切相关的专题栏目，将时事与已开发资源相结合；在资源组织上，根据不同的资源类型设置了功能不同的子系统模块，实现检索、显示、分析、输出多种功能，从多渠道满足用户信息需求。

门户主页层次分明，信息饱满，为主要功能模块设置了快速进入的标志按钮，使用户在门户主页即可了解平台所有功能，方便了用户使用。平台门户主页如图 6 – 2 所示。

图 6 – 2　门户网站主页面

Fig. 6 – 2　Main webpage of portal web station

6.2.2 文献检索子系统功能与实现

文献检索子系统内集合了关于农业气象信息的常用文献信息资源,是农业气象学科研究和决策的文献保障基础。子系统内收录了农业气象类下的期刊论文、会议论文和学位论文三类常用文献资源。系统提供文献的简单检索和高级检索两种检索方法,用户可利用已知相关信息进行数据检索,同时,系统还提供二次检索功能,以精确用户检索范围,最后,系统支持内容的显示和输出,用户可根据自身需求对文献结果进行处理。

子系统具体页面功能实现如图6-3、图6-4所示。

图6-3　高级检索页

Fig. 6-3　Advanced retrieval webpage

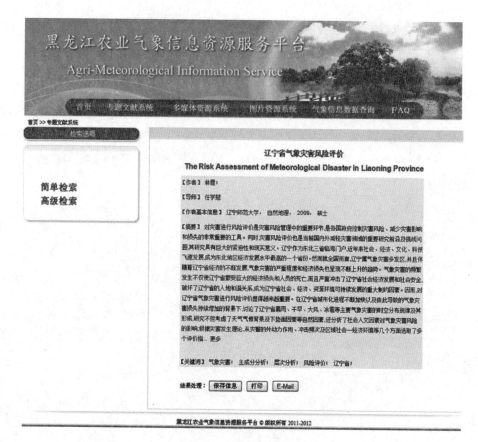

图 6 – 4　检索结果页

Fig. 6 – 4　Retrieval result webpage

6.2.3　多媒体检索子系统功能与实现

多媒体信息就是集文本、图形、图像、动画、影像和声音为一体的综合资源类型，平台多媒体资源检索子系统实现检索是基于对多媒体内容信息文字描述的检索，多媒体资源以压缩文件格式存放在数据库内。系统设置关键字检索字段，用户可以通过输入所需内容的描述性词语检索到所需的多媒体资源，系统呈现用户结果列表包括资源描述性主题文字和资源下载链接，满足用户对这类资源的需求。

子系统页面如图 6 – 5 所示。

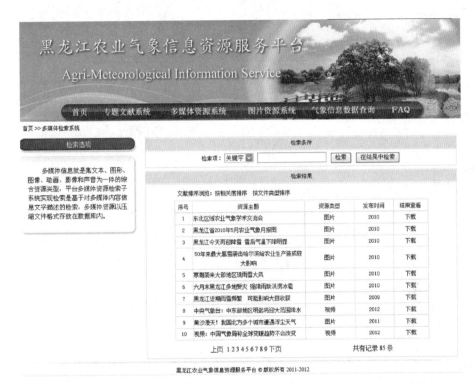

图 6 – 5 检索结果页

Fig. 6 – 5 Retrieval result webpage

6.2.4 气象信息查询子系统功能与实现

ArcIMS 是 ESRI 公司推出的基于网络制图和分布式 GIS 的新一代软件系统，是一个通过网络来发布 GIS 地图、数据和元数据的有效解决方案。基于 ArcIMS 的气象信息查询服务系统是平台构建内容中，对地图和气象数据进行组合查询的服务系统，数据内容包括空间信息、地理信息及气象属性信息。

系统利用 ArcIMS 作为地图服务器，以 SQLServer 作为数据库服务器，实现了客户端的农业气象空间和属性数据交互查询和发布实时的农业气象专题图功能，为用户提供更详细、更丰富的农业气象信息服务。系统服务功能分为以下几个方面：地图操作功能、测距功能、气象信息查看及统计等功能。

页面如图 6 - 6 所示。

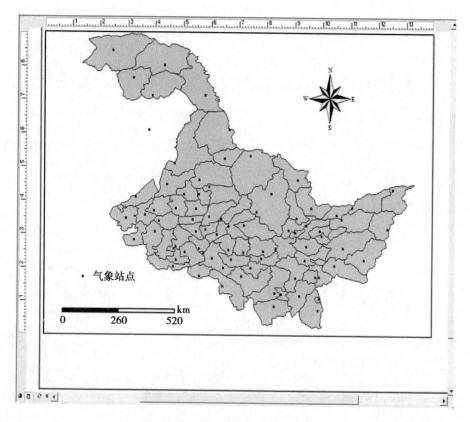

图 6 - 6　黑龙江省气象站点 GIS 图像

Fig. 6 - 6　GIS image of the weather stations in Heilongjiang province

6.2.5　虚拟咨询子系统功能与实现

虚拟参考咨询服务又称数字参考咨询服务或电子参考咨询服务等，是一种通过网络向系统外用户提供个性化的帮助或参考资源的网上信息服务方式。随着时代和技术的发展，这种服务方式经过异步咨询——实时咨询——混合式咨询三段发展历程。在本文虚拟咨询子系统内，整合了各发展阶段经典的咨询方式，为用户实行各个方式下的全面咨询服务。各咨询方式页面分如下几种。

邮件（表单）咨询方式：用户可以点击咨询后，在咨询主题内填写咨询的问题，在主要内容框内填写问题的详细叙述及本人联系方式，点击

"发送/提交"后，系统就可以通过内设的接收地址接收提问，然后由专家做出解答，通过邮件或其他方式反馈给用户，完成咨询。如图 6－7所示。

图 6－7　表单咨询页

Fig. 6－7　Form consulting webpage

MSN/QQ 咨询方式：是比较常用的在线咨询方式，用户通过点击咨询按钮，系统弹出咨询输入页面，用户和专家就可以文字交流了。这种在线咨询是目前各网站最主要的咨询方式，也是用户比较习惯的一种交流方式，可以实现实时的信息传递，为用户节省咨询时间。

音视频咨询方式：音视频可视化咨询是虚拟咨询发展的一种高级形式，也是未来发展的主要趋势。通过这种方式，用户和专家可以真正地达到"面对面"交流，用声音、动作来表现问与答的过程，使咨询服务变得更亲近用户，让用户更易接受。具体实现如图 6－8 所示。

6.2.6　无线服务子系统功能与实现

随着 3G 牌照的下发，3G 信息网络逐渐成熟起来，信息服务通过手机、PDA 等工具也得到了很好的实现。子系统开发时，首先需从网络内容供应

图 6 – 8　音视频咨询页面

Fig. 6 – 8　Audio video consulting webpage

商（ICP）处购买端口，然后创建工作模块；其次建设基于 WAP 的数据信息发布与管理中心平台；最后将工作模块与管理中心平台相连接，通过固定的接口，在互联网上把中心平台的数据传送到 ICP 的 WAP 网关服务器，最终实现这些数据和用户手机之间的交换。

农业气象信息服务平台为用户提供的无线服务主要有两种：SMS 服务（手机短信服务）、WAP 服务（手机网站服务）。用户进入系统页面后，可以选择需要进行的服务，即可利用手机完成信息查询和咨询服务，方便快捷。

无线服务子系统页面如图 6 – 9 所示。

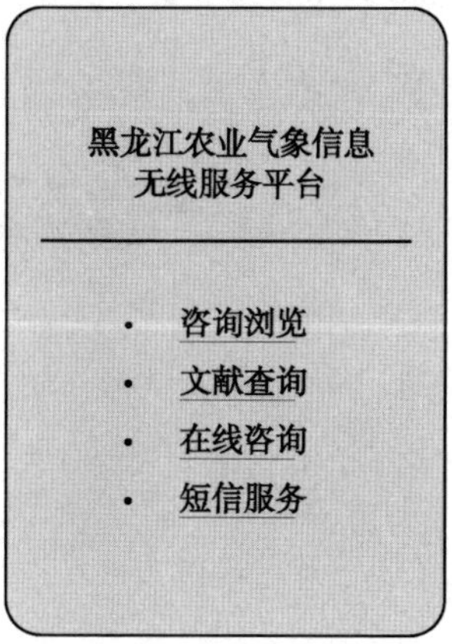

黑龙江农业气象信息
无线服务平台

- 咨询浏览
- 文献查询
- 在线咨询
- 短信服务

图 6 - 9　手机服务页面

Fig. 6 - 9　Mobile phone service webpage

7 讨论与结论

7.1 讨 论

信息技术在农业气象信息服务领域的应用是目前国内外关注和研究的热点问题，平台正是把先进的互联网络技术与通信技术应用到气象服务过程中，较好地解决了农业气象专业信息获取和传播中的实践问题。

7.1.1 农业气象信息服务平台的构建优势

（1）农业气象信息服务平台的资源选取。本文研究在对现有多个气象平台资源进行调研后，在平台资源选择上，加强了资源选取的专业性和针对性，不仅仅要有大众性的新闻、资讯、政策法规、气象科普，同时，增加了农业气象专业科技论文、学位论文和会议论文的资源类型，增加了气象专业图片及气象知识视频材料，使服务资源更丰富，更容易满足不同层次的农业气象信息用户的需要；同时，平台提供的多种途径的咨询方式，也使气象信息用户的问题更容易得到解决，使用户各得所需，真正实现"一站式"服务的目标。

（2）平台建设的技术选择。本文在进行平台构建研究时，选择了系统效率高、安全性好、易于维护的 B/S（Browser/Server）体系结构，使系统运行更方便、速度更快、效果更优。选择了 ASP（Active Server Page，活动服务器页面）语言。它是 Microsoft 公司开发的服务器端脚本环境，在浏览器端看不到 ASP 源程序，程序的安全性得到了保证；同时，ASP 对于编程人员也没有过高的要求，他们编写的代码，不需要编译就可直接在服务器端解释执行。在平台建设数据库选择上，本文选择了微软的 SQL Server 作为数据库平台，是一款高效率低成本的数据库系统。SQL Server 与 IIS 有良好的集成能力。SQL Server 具有开发 Web 数据库系统所需要的几乎全部优点：高可用性、安全性、可靠性及其经济性，所以，本研究选择了 SQL Server 作为平台数据库系统进行各类资源数据库建设。

（3）平台安全保障。本文在平台网络安全方面，进行了物理安全、网络安全、信息安全三个方面的防护。从服务器运行场所、专业防火墙及病毒查杀软件的设置可有效的对系统安全进行防护，抵御来自不同方面的破坏性入侵。同时，通过系统备份和数据备份，保证平台所有资源的安全可用，使平台能时时的为用户提供各种信息服务。此外，对于平台的一些重要功能，如文件上传、用户注册、管理员登录等，使用了验证码的功能，要求用户输入系统随机产生的验证码，才能使用这些功能。通过双重保护，就可以有效阻止恶意访问了。

7.1.2　农业气象信息服务平台的应用发展

农业信息化的发展道路是漫长的，在信息化发展历程中，农业气象的信息化发展不能一蹴而就。农业气象信息服务在服务资源的改进、服务方式的扩展及服务质量提高等方面还有很大的发展空间。随着社会科学技术的进步，随着用户需求的不断变化，黑龙江省农业气象信息服务平台在建设的深度和广度都将可以得到进一步扩展。基于本研究平台建设内容，在未来的发展与工作中，可以在下面几方面建设中进行加强。

（1）黑龙江省农业气象信息服务平台在资源建设上可进行扩展。将标准文献、科技成果、政府报告、研究手记等内容整合到平台中来，使平台资源基础更雄厚，形成更加完整的农业气象资源体系，为黑龙江省农业气象工作的开展发挥系统指导作用。

（2）平台在服务方式及服务质量上的发展也是可期望的。平台现有服务工作通过平台咨询系统由系统和专家组共同完成。在未来的发展中，可以联合省内各家气象信息服务部门服务人员，共同加入平台咨询，形成一个省市县村联合咨询平台，既扩大的服务范围，也更利于气象信息利用薄弱环节的稳固，使农业气象信息服务实现直接进户的普及水平，推进黑龙江省农业气象科技成果转化的发展。

（3）黑龙江省农业气象信息服务平台的构建只是黑龙江省农业气象信息化建设过程中一个分支的案例。这种平台宣传及服务可以扩展到农业的其他信息服务领域，可以推广到农作物的生产信息化、农作物病虫害防治、农产品的推广服务、农业电子商务服务等多个领域，用农业气象信息服务平台的成功经验，建设一个与农业农村发展关系密切的各类信息的大型综合服务平台，这将为黑龙江省农业农村信息化的发展起到不可想象的推动作用。

目前，国外发达国家的气象服务行业已经是一个产业化的行业，气象服务正规化、系统化，已形成开放的完整体系，他们的这种服务体系是值得我们借鉴的。黑龙江省及我国的气象服务在今后的发展过程中，也需要实施气象服务产业化战略，要把发展商业性气象服务作为推进气象服务产业化的一个重要手段，同时，大力推进气象服务的市场化、法制化、信息化的发展过程，充分发挥市场配置资源的基础作用，最后，也是很重要的一点，就是要建立开放型的人才培养体系和科学的人才评估体系，造就一支高水平的气象服务人才队伍，通过农技推广与信息服务相结合的新路子，促进黑龙江省乃至我国的农村农业生产的快速发展[129]。

让我们在"十二五"精神的指导下，共同努力，将黑龙江省和我国的农业气象信息化服务扎实的推进下去，在未来的农业发展中起到更大的支持作用。

7.2　主要结论

平台在建设过程中，不仅整合了各类型的气象信息资源，同时还对后续的咨询服务进行了创造性的改进，全面提高了平台的利用价值。

概括起来，本文研究主要结论如下。

（1）黑龙江省农业气象信息服务平台创建了专业文献数据库，实现了农业气象类文献信息资源的检索与阅读，使专业类科技文献资源得以集中，为所有进行气象科学研究的学者提供了有力的文献支持。

（2）黑龙江省农业气象信息服务平台创建了气象类图片、多媒体资源数据库，对文献资源形成有效补充，为研究者提供全面的科研资料，为技术人员和农民用户提供更直观的学习资源。

（3）黑龙江省农业气象信息服务平台创建了气象数据数据库，用 Web-gis 实现数据资源查询及分析，为生产及科研提供最科学的实验数据，使气象研究在文字、图片、数据等多种资源需求情况下顺利进行。

（4）黑龙江省农业气象信息服务平台在实现各类资源的检索及阅读功能后，还提供农业气象资源的信息定制与推送服务，使学科研究得以有效跟踪，为科学研究提供了更全面的保障。

（5）黑龙江省农业气象信息服务平台创建了可视化的专家咨询服务软件，使农户能通过音视频直接与专家进行交流，实现了面对面的解答，解决了信息传递"最后一公里"的难题，为农民用户充分利用气候资源，更好的实现农业生产提供了最便利可行的途径。

参考文献

[1] 蒋运志，唐熠，唐桥义．关于做好农业气象服务的几点思考 [C]．第26届中国气象学会年会农业气象防灾减灾与粮食安全分会场论文集，2009．

[2] 李应博．我国农业信息服务体系研究 [D]．北京：中国农业大学，2005．

[3] 唐春燕，申双和，邱小忠．气象服务江西现代农业发展的思考 [J]．江西农业学报，2011，23（8）：175－177．

[4] 毛留喜，吕厚荃．国家级农业气象业务技术综述 [J]．气象，2010，36（7）：75－80．

[5] 贺宇．农业气象服务现状与发展趋势 [J]．现代农业科学，2009，16（2）：129－130，148．

[6] 段海花，侯学源．浅析农业气象服务的现状和发展 [J]．广东科技，2010（12）：85－87．

[7] 李玉蓉，张尾兰，廖才科．我国农业气象业务现状与发展趋势 [J]．大科技，2010（9）：385－386．

[8] 王丽君，鲍文．气象公共服务体系与新农村建设 [J]．石家庄职业技术学院学报，2010，22（3）：45－48．

[9] 中国农业气象学会会讯 [EB/OL]．http：//www.cms1924.org/Attachment/Doc/1232261856.pdf．

[10] 矫梅燕．健全农业气象服务和农村气象灾害防御体系 [J]．求是，2010（6）：56－57．

[11] 2005年中央一号文件中共中央 国务院关于进一步加强农村工作提高农业综合生产能力若干政策的意见 [EB/OL]．http：//

www. gov. cn/test/2006 –02/22/content_ 207406. htm.

[12] 中国气象局关于贯彻落实 2010 年中央农村工作会议和 2011 年中央一号文件精神的意见 [EB/OL]. http://www. lawyee. net/Act/Act_ Display. asp?RID =711748.

[13] 高胜利, 林敏, 金苏微, 等. 农业气象服务更新的几点探讨 [J]. 现代农业, 2008 (2): 30 –31.

[14] Kees Stigter. Applied Agrometeorology [M], 2010: 101 –261.

[15] Rathore L S, Roy Bhowmik S K, Chattopadhyay N. Challenges and Opportunities in Agrometeorology [M]. Integrated Agrometeorological Advisory Services in India, 2011: 195 –205.

[16] Raymond P Motha, Murthy V R K. Managing Weather and Climate Risks in Agriculture [M]. Agrometeorological services to cope with risks and uncertainties, 2007: 435 –462.

[17] 何亮亮, 蒋洁. 国外气象服务的商业化趋势及其启示 [J]. 商业时代, 2010 (3): 124 –125.

[18] 陈怀亮, 余卫东, 薛昌颖, 等. 亚洲农业气象服务支持系统发展现状 [J]. 气象与环境科学, 2010, 33 (1): 65 –72.

[19] 李文峰, 于伟娟, 尹彬. 现代农业气象信息化发展与策略研究 [J]. 中国农村小康科技, 2010 (8): 10 –13.

[20] Luyten J C, Jones J W. A GIS2 Based graphical user2Interface for defining spatial crop management strategies and visualization of crop simulation results [A]. Poster presented at t he 89th ASA/CSSA/SSSA Annual Meetings. Anaheim. CA, 1997: 26 –31.

[21] 匡昭敏, 朱伟军, 丁美花, 等. 多源卫星数据在甘蔗干旱遥感监测中的应用 [J]. 中国农业气象, 2007, 28 (1): 93 –96.

[22] Sridhar S, Gerrit H, Goshko A G. Linking a Pest Model for Peanut Leafminer with the Peanut Crop Simulation Model CROPGRO [J]. American Meteorological Society, 1998 (7): 73 –76.

[23] 王石立. 新一代农作物生长气象影响评估及产量预测模型业务应用开发与推广 [J]. 中国气象科学研究院年报, 2006 (1):

19 - 20.

[24] 李春强，应宁，佘万明.21 世纪我国农业气象信息技术发展趋势 [J]. 气象科技，2000 (2)：30 - 33.

[25] 董中强，郑海霞，徐芙枝，等. 中国农业气象信息技术的发展趋势 [J]. 河南农业科学，2002 (11)：8 - 9.

[26] 于科辉，于海军. 农业气象服务建设与思考 [J]. 农技服务，2011, 28 (7)：1 041 - 1 042.

[27] 我国已建 2438 个地面气象观测站 农村防灾能力增强 [EB/OL]. http://www. gov. cn/jrzg/2009 - 12/01/content_1477625. htm.

[28] 《现代农业气象业务发展专项规划》 [EB/OL]. http：//www. cma. gov. cn/2011xzt/2011zhuant/20111214/2011121405/201112/t20111219_ 156898. html.

[29] 中国气象部门 1 - 8 月免费发布气象预警短信 12 亿条 [EB/OL]. http://news. hsw. cn/gb/news/2007 - 09/18/content_6569101. htm.

[30] 秦大河，孙鸿烈. 中国气象事业发展战略研究 [M]. 北京：气象出版社，2004.

[31] 白献阳. 我国农业信息服务模式研究 [J]. 合作经济与科技，2011 (11)：27 - 28.

[32] 张晋平. 论我国农业信息服务的发展模式 [J]. 中国农业信息，2011 (5)：12 - 15.

[33] 张海佳，刘善文，李建华，等. 农业数字图书馆管理平台建设研究 [J]. 农业网络信息，2011 (6)：48 - 50.

[34] 逯文博. 浅析我省农业信息网络服务平台建设及应用 [J]. 科技信息，2010 (29)：99 - 99.

[35] 谭翠萍，郑怀国，张峻峰，等. 农业信息资源共建共享平台的设计与建设研究 [J]. 现代情报，2007 (9)：64 - 67.

[36] 范建凤. 图书馆信息服务集成平台建设研究 [D]. 武汉：武汉大学，2004.

[37] 许萍，张会田，肖爱斌．论甘肃省科技文献共享平台建设 [J]．图书馆建设，2006（6）：22－25.

[38] 刘志雄．基于 B/S 模式的湖北省农业气候信息系统的开发及应用 [D]．武汉：华中农业大学，2007.

[39] 熊瑾，陶俊才．浏览器/服务器结构应用系统的研究与开发 [J]．计算机与现代化，2005（8）：113－115.

[40] 武苍林．B/S 与 C/S 结构的分析与比较 [J]．电脑学习，1999（5）：56－59.

[41] 李书杰，李志刚．B/S 三层体系结构模式 [J]．河北理工学院学报，2002（S1）：25－33.

[42] 张维明．信息系集成技术 [M]．北京：电子工业出版社，2002.

[43] 李云云．浅析 B/S 和 C/S 体系结构 [J]．科学之友，2011（1）：6－8.

[44] 汤阳，田欣．基于 B/S 结构的信息数据库设计与实现 [J]．现代情报，2006（8）：73－74.

[45] 高金祥，郭家旭，刘志，等．一种基于 B/S 结构的气象管理信息系统 [J]．现代农业，2010（12）：121－122.

[46] B/S 结构 [EB/OL]．http://baike.baidu.com/view/268862.htm.

[47] Essick, Kristi. Browser/server computing? [J]．InfoWorld，18（35）：100.

[48] Scot Johnson. Active Server Papes 详解 [M]．新智工作室译．北京：电子工业出版社，1999.

[49] S. 希利尔，D. 梅齐克．Active Server Pages 编程指南 [M]．董启雄等译．北京：宇航出版社，1998.

[50] Stephen Walther. Active Sever Pages 揭秘 [M]．北京：希望出版社，2000.

[51] 陈峰棋等．完全接触 ASP 之基础与实例 [M]．北京：电子工业出版社，2002.

[52] （美）PatrickDalton. Microsoft SQL Server 管理员手册 [M]．北

京：机械工业出版社，1998.

[53] 罗运模，等编 . Microsoft SQL Server 7.0 应用基础及开发实例 [M]. 北京：北京航空航天大学出版社，1999.

[54] 美 Ron Soukup&Kalen Delaney. Microsoft SQL Server 7.0 技术内幕 [M]. 北京：北京博彦科技开发有限公司，2009.

[55] 付刚，等译 . Microsoft SQL Server for Windows NT 系统管理培训教程 [M]. 北京：希望出版社，1994.

[56] 闪四清 . SQL Server 7.0 系统管理和应用开发指南 [M]. 北京：清华大学出版社，2000.

[57] Microsoft. Microsoft SQL SERVER 6.5 程序员指南 [M]. 北京：科学出版社，1997.

[58] SqlServer [EB/OL]. http://baike.baidu.com/view/24335.htm.

[59] 赵文龙，胡虹，谢丹玫 . 信息个性化定制服务与生物医学信息检索 [J]. 医学教育探索，2006，5 (4)：336 – 339.

[60] 程文琴 . 基于 Push 技术的个性化信息服务的实现 [J]. 江西图书馆学刊，2005，35 (1)：33 – 34.

[61] HU YuXiang, LAN JuLong, WU JiangXing. Providing personalized converged services based on flexible network reconfiguration [J]. Science China (Information Sciences)，2011，54 (2)：334 – 347.

[62] 黎贞发，钱建平，李明，等 . 基于 ArcIMS 的农业气象信息发布系统 [J]. 农业工程学报，2008，24 (2)：274 – 278.

[63] 董学士，毕硕本，郭文政 . 基于 GIS 气象查询服务系统的设计和实现 [J]. 微计算机信息，2010，26 (3 – 1)：146 – 148.

[64] 万文慧，胡友彬，陈柏华 . 基于 GIS 的地理气象信息查询系统的设计 [J]. 计算机与现代化，2009，(6)：56 – 58，70.

[65] 陶雪梅 . 基于 GIS 的气象资料查询系统的设计与开发 [J]. 微计算机信息，2007，23 (8)：225 – 227.

[66] 刘光媛，聂庆华，赵明 . 基于 ArcIMS 开发 WebGIS 的农业环境信息系统研究 [J]. 地理空间信息，2007，5 (1)：40 – 43.

[67] 刘旭林，赵文芳，刘国宏 . 基于 WebGIS 的气象信息显示和查

询系统 [J]. 应用气象学报, 2008, 19 (1): 116 – 122.

[68] 罗琦, 韩茜, 李文莉. 基于 WebGIS 的气象科学数据查询显示系统的设计与实现 [J]. 干旱气象, 2010, 28 (4): 494 – 498.

[69] 黄晓明. 江西省数字气象 GIS 综合服务平台设计与实现 [D]. 上海: 华东师范大学, 2008.

[70] 郑岱霞. 高校图书馆开展网络参考咨询服务的平台构建 [J]. 情报杂志, 2006 (5): 140 – 143.

[71] 梁禄金. 图书馆参考咨询服务形式演化研究 [J]. 图书与情报, 2009 (5): 115 – 119.

[72] 吕秀云. 高校图书馆参考咨询服务内容与方式 [J]. 现代情报, 2003 (1): 143 – 145.

[73] 马丽娜. 图书馆实时网上咨询服务研究 [J]. 河南图书馆学刊, 2010, 30 (4): 34 – 35.

[74] 李娟娟, 周宁丽. 即时通讯 (IM) 实时咨询应用研究 [J]. 图书情报工作, 2009, 53 (13): 97 – 99, 37.

[75] 候磊, 吴旭. 基于 J2EE 的网络实时咨询音视频技术机理研究 [J]. 现代图书情报技术, 2008 (4): 12 – 17.

[76] 王跃虎. 基于 Web 的实时虚拟参考咨询系统实现 [J]. 情报科学, 2010, 28 (1): 86 – 89.

[77] 王运圣. 玉米生产信息化服务平台构建研究 [D]. 北京: 中国农业科学院, 2007.

[78] 无线应用通讯协议 [EB/OL]. http://baike.baidu.com/view/7319.htm.

[79] 胡艳菊. 基于 WAP 协议的手机网站开发 [J]. 吉林化工学院学报, 2008, 25 (4): 60 – 62.

[80] 徐小茸. 一种基于 WAP 访问模式的信息交互平台的设计与实现 [J] 内蒙古科技与经济, 2011 (17): 65 – 66.

[81] 吴文斗, 刘鸿高, 杨林楠, 等. 基于 WAP 技术的农业信息服务平台研究 [J]. 安徽农业科学, 2009, 37 (15): 7 294 – 7 295.

[82] Philbin, Simon P. Developing an Integrated Approach to System

Safety Engineering［J］. Engineering Management Journal，2010，22（2）：56 – 67.

［83］ 杨凯. 浅析图书馆计算机网络安全管理［J］. 今日财富，2011（10）：152 – 153.

［84］ Zhou Mingji. The Application of Factor – Criteria – Metric Model in Network Security Evaluation. Advances in Intelligent and Soft Computing［J］. Software Engineering and Knowledge Engineering：Theory and Practice，2012，114：887 – 894.

［85］ Muhr M，Pack S，Jaufer S，et al. Experiences with the Weather Parameter Method for the use in overhead line monitoring systems［J］. Elektrotechnik and Informationstechnik，2008，125（12）：444 – 447.

［86］ 尹燮. 网络安全风险分析及其防范技术研究［J］. 科技传播，2012（1）：173 – 174.

［87］ 宗波. 高校校园网络安全技术分析［J］. 软件导刊，2011，10（12）：139 – 140.

［88］ 防火墙技术［EB/OL］. http://baike. baidu. com/view/297226. htm.

［89］ 杨絮. 计算机网络安全防范策略［J］. 科学之友，2011（12）：37 – 38.

［90］ 罗莹. 网络安全防范技术研究［J］. 软件导刊，2011，10（12）：143 – 144.

［91］ 泽仁志玛，代光辉，陈会忠. 数据库中间件技术探讨［J］. 地震地磁观测与研究，2005（1）：67 – 72.

［92］ 张亮. 利用 ODBC 实现异源数据的共享［J］. 辽宁科技学院学报，7（4）：18 – 20.

［93］ 陈峰棋，等. 完全接触 ASP 之基础与实例［M］. 北京：电子工业出版社，2002.

［94］ 个性化服务［EB/OL］. http://baike. baidu. com/view/835403. htm.

［95］ 张红，孙济庆. 基于 Web Service 的信息定制系统的设计和实现［J］. 计算机应用与软件，2004，21（10）：35 – 36，63.

［96］ 王培凤. Push 技术与图书馆信息推送服务 ［EB/OL］. http：// wenku. baidu. com/view/ba8abc0790c69ec3d5bb753c. html.

［97］ RTP ［EB/OL］. http：//baike. baidu. com/view/827357. htm.

［98］ RTP：A Transport Protocol for Real-Applications ［EB/OL］. http：//wenku. baidu. com/view/5e4ba74c2e3f5727a5e9627b. html.

［99］ B. Furht. Encyclopedia of Multimedia ［M］. Springer, Germany, 2008.

［100］ RTP _ RTCP _ RTSP ［EB/OL］. http：//wenku. baidu. com/ view/0a97afe819e8b8f67c1cb911. html.

［101］ 蔡四兵. 基于 JMF 的网络视频会议系统的设计与实现 ［D］. 成都：西南交通大学, 2007.

［102］ 门伟伟. 基于 JMF 的无线视频监控系统的设计与实现 ［D］. 大连：大连理工大学, 2010.

［103］ 王洁. 基于 JMF 平台开发 B/S 模式下多媒体机计算机远程监控系统的研究与实现 ［D］. 北京：首都师范大学, 2002.

［104］ 赵莹莹, 张兰芬. 基于 RTP 协议的音频传输技术的研究与实现 ［J］. 现代电子技术, 2006 (10)：30 – 32, 38.

［105］ 候磊. 虚拟参考实时咨询系统分析设计及核心模块实现 ［D］. 北京：北京邮电大学, 2008.

［106］ 杨海龙. 基于 RTP 协议的实时语音通信 ［J］. 电脑与电信, 2011 (8)：66 – 67, 70.

［107］ 李甘. 视频电话的 RTP 协议具体实现的研究 ［J］. 广西通信技术, 2007 (2)：8 – 13.

［108］ 赵臣兵, 刘立柱. 基于 RTP 协议的视频实时采集与传输的研究 ［J］. 微计算机信息 (测控自动化), 2006, 22 (6 – 1)：124 – 126.

［109］ RTP 协议分析 ［EB/OL］. http：//wenku. baidu. com/view/ 84f6db7102768e9951e738f8. html.

［110］ 郭新军. 视频压缩编码标准 H. 264 详解 ［EB/OL］. http：// wenku. baidu. com/view/4c14a71aff00bed5b9f31dca. html.

［111］ Feng Pan, Kenny Choo, Thinh M Le. Fast Rate – Distortion Optimization in H. 264/AVC Video Coding ［J］. Lecture Notes in Computer Science：Knowledge – Based Intelligent Information and Engineering Systems，2005（41）：24 – 29.

［112］ Marcos Nieto，Luis Salgado，Julián Cabrera，et al. Fast mode decision on H. 264/AVC baseline profile for real – time performance ［J］. Journal of Real – Time Image Processing，2008，3（1 – 2）：61 – 75.

［113］ Aylin Kantarc. Streaming of scalable h. 264 videos over the Internet ［J］. Multimedia Tools and Applications，2008，36（3）：303 – 324.

［114］ Changnian Chen，Jiazhong Chen，Kun Ouyang etc. A hybrid fast mode decision method for H. 264/AVC intra prediction ［J］. Multimedia Tools and Applications，2013，62（3）：719 – 731.

［115］ Yung – Ki Lee，Seong – Seon Lee，Yung – Lyul Lee. MPEG – 4 to H. 264 transcoding with frame rate reduction ［J］. Multimedia Tools and Applications，2007，35（2）：147 – 162.

［116］ G. 723 ［EB/OL］. http：//baike. baidu. com/view/1569556. htm.

［117］ 张引合. 语音压缩编码 G. 723. 1 标准的研究 ［D］. 重庆：重庆大学，2003.

［118］ 曾海平，孙建伟，吕斌，等 . G. 723. 1 语音编码器在 Blackfin 平台上的实时实现 ［J］. 计算机系统应用，2010，19（8）：82 – 86.

［119］ 吴欣茹，徐隽 . G. 723. 1 语音编解码算法分析及优化 ［J］. 科学技术与工程，2010，10（7）：1 627 – 1 642.

［120］ 朱荣，胡瑞敏，常军，等 . G. 723. 1 编解码器在 TMS320C50 上的优化实现 ［J］. 计算机应用研究，2010，27（4）：1 400 – 1 402.

［121］ JMF ［EB/OL］. http：//baike. baidu. com/view/209561. htm.

［122］ Jun Ou，Yun Pei，Min Chen，et al. Design and Realization of Project-Class Teaching Module Based on JMF ［J］. Communications in Computer and Information Science：Advances in Computer Science, Environment, Ecoinformatics and Education, 2011（218）：329 – 334.

［123］ Björn Althun, Martin Zimmermann. Streaming Services：Specification and Implementation Based on XML and JMF ［J］. Lecture Notes in Computer Science：Scientific Engineering of Distributed Java Applications, 2004, 2952：23 – 32.

［124］ Horst Eidenberger, Christian Breiteneder, Martin Hitz. A Framework for Visual Information Retrieval ［J］. Lecture Notes in Computer Science：Recent Advances in Visual Information Systems, 2003, 14（5）：443 – 469.

［125］ 王洁. 基于 JMF：平台开发 B/S 模式下多媒体机计算机远程监控系统的研究与实现 ［D］. 北京：首都师范大学, 2002.

［126］ 门伟伟. 基于 JMF 的无线视频监控系统的设计与实现 ［D］. 大连：大连理工大学, 2010.

［127］ 候磊. 虚拟参考实时咨询系统分析设计及核心模块实现 ［D］. 北京：北京邮电大学, 2008.

［128］ Xicheng Liu, Timothy J. LiImplementation of a prototype VoIP system ［J］. Journal of Computer Science and Technology, 2000, 15（5）：480 – 484.

［129］ 黄建萍, 杜连书. 关于发展我国气象服务的思考 ［J］. 气象研究与应用, 2009, 30（S1）：201 – 202.